U0850656

冶金工业出版社

普通高等教育“十四五”规划教材

生 态 环 境 产 教 融 合 教 材

环境微生物学实验教程

主 编 刘菊梅 陈 炜

副主编 杨强斌 李彦林

北 京

冶 金 工 业 出 版 社

2025

内容提要

本教材为高等院校环境科学、环境工程、生物技术等专业本科生及研究生设计，兼顾科研工作者与环保行业从业者参考需求，是一本融合实验技术、科研思维与产业应用的综合性教学用书。以“夯实基础实验技能—掌握生态分析方法—对接产业实践需求”为主线，系统呈现环境微生物学实验的核心内容，助力读者建立从基础操作到前沿应用的完整知识体系，包括环境微生物基础实验技术、纯化培养与染色观察、群落结构分析和产教融合案例。以“厚基础、强实践、重创新”为导向，突出实用性、前沿性和教学适配性，兼具教学工具、科研手册、产业参考三大核心价值，帮助读者掌握环境微生物学的核心实验技能，建立“从微观识别到宏观生态”的研究视角，为环境污染治理和生态保护修复等领域培养实践与创新兼备的专业人才。

图书在版编目（CIP）数据

环境微生物学实验教程 / 刘菊梅，陈炜主编．北京：冶金工业出版社，2025．8．--（普通高等教育“十四五”规划教材）．-- ISBN 978-7-5240-0290-1

Ⅰ．X172-33

中国国家版本馆 CIP 数据核字第 2025EX1235 号

环境微生物学实验教程

出版发行	冶金工业出版社	**电　　话**	(010)64027926
地　　址	北京市东城区嵩祝院北巷 39 号	**邮　　编**	100009
网　　址	www. mip1953. com	**电子信箱**	service@ mip1953. com

责任编辑　夏小雪　美术编辑　吕欣童　版式设计　郑小利

责任校对　石　静　责任印制　禹　蕊

三河市双峰印刷装订有限公司印刷

2025 年 8 月第 1 版，2025 年 8 月第 1 次印刷

710mm × 1000mm　1/16；14. 75 印张；286 千字；211 页

定价 47. 00 元

投稿电话　(010)64027932　投稿信箱　tougao@cnmip. com. cn

营销中心电话　(010)64044283

冶金工业出版社天猫旗舰店　yjgycbs. tmall. com

（本书如有印装质量问题，本社营销中心负责退换）

本书编写人员

主　　编　刘菊梅　陈　炜

副主编　杨强斌　李彦林

参编人员　范剑平　李　礼　司万童

校　　稿　刘菊梅　司万童　刘晨昕　周雨杉
黄佳文　刘佳蕊

前　言

环境微生物学作为环境科学与微生物学的交叉学科，在污染治理、生态修复、资源循环利用等领域发挥着关键作用。然而，当前国内相关实验教材或偏重理论阐释，或缺乏系统性操作指导，难以满足“产学研”一体化人才培养需求。鉴于此，编者结合多年教学科研经验编写了《环境微生物学实验教程》，旨在为读者提供一套科学规范、技术前沿且实操性强的实验指南，助力理论知识向实践能力的转化，培养适应环境领域复杂问题的创新型人才。

本书聚焦环境微生物学实验技术的核心需求，针对现有教材的局限性，着力解决三大问题：其一，构建“基础操作—前沿技术—工程应用”的内容框架，通过标准化流程指导，帮助读者掌握从微生物分离培养到群落功能分析的全链条技术；其二，强化“知识传授—技能训练—科研思维”的递进培养，通过设计性实验与案例分析，提升实验设计和实践应用的能力；其三，响应产教融合趋势，融入常见的环境工程案例（如废水处理、土壤修复），缩短实验室技术与产业需求的距离，满足科研与环保一线的技术规范要求。

本书以“夯实基础、衔接前沿、服务应用”为逻辑，构建以下五大模块：

（1）基础实验技术篇：系统讲解无菌操作、灭菌方法、培养基配制、显微镜技术等核心技能，强化生物安全规范与仪器操作要点，筑牢实验根基。

（2）纯化培养与形态观察篇：涵盖细菌、放线菌、真菌的分离接种、染色鉴定及生长曲线测定，结合菌落形态分析，深化对微生物个体与群体特征的认知。

(3) 环境微生物分析篇：聚焦大气、水体、土壤、动植物相关微生物的采样检测、功能菌筛选，紧密对接环境污染治理的实际需求。

(4) 群落结构分析篇：介绍优势度、多样性、生态位等经典指数，融入高通量测序、系统发育分析、共生网络构建等前沿方法，揭示微生物群落与环境因子的互作机制，体现学科交叉性。

(5) 产教融合案例：以澎溪河浮游动物多样性研究为例，示范“采样设计—数据解析—环境评价”的科研思路，强化“实验—科研—产业”转化思维。

本书突出以下两大特点：

(1) 聚焦“三基三实”，强化教学适配性。

1) 基础技能标准化：每个实验均提供详细操作步骤、试剂配方与仪器参数，配套数据记录表格与结果分析模板，便于教师教学与学生自主实操。

2) 实践场景真实化：纳入污水处理、土壤修复、生态监测等产业典型场景，培养“学以致用”的应用能力。

3) 科研思维系统化：通过“问题引导—实验设计—数据解读—结论推导”的逻辑链，融入皮尔逊相关分析、主成分分析（PCA）等统计方法，提升科学论证能力。

(2) 突出前沿性与创新性。

1) 技术迭代升级：引入宏基因组功能预测、共生网络分析、结构方程模型等前沿技术，反映学科交叉趋势。

2) 产教深度融合：以重庆云阳县澎溪河生态调查为典型案例，展现从基础数据采集到政策建议的完整科研流程，对接生态环境监测、流域治理等产业需求。

3) 思政元素融入：通过生物安全规范、生态保护案例，培养科学伦理与“绿水青山就是金山银山”的生态理念。

本书采用“模块化+阶梯式”编排，适合以下读者阅读参考：

(1) 本科生等初学者：从基础实验入手，严格遵循操作规范（如无菌操作步骤、仪器校准方法），通过重复性实验掌握核心技能。

(2) 研究生和进阶学习者：结合群落分析与功能预测实验，理解微生物在碳氮循环、污染物降解中的作用机制，尝试自主设计实验方案（如不同环境因子对菌群生长的影响）。

(3) 科研工作者和行业从业者：重点关注产教融合案例（如废水处理中的菌群筛选），将实验室技术转化为工程应用，注重数据与环境管理的衔接（如水质微生物指标与生态风险评估）。

本书由长期从事环境微生物教学与科研的教师团队联合编写。每章按“实验原理—操作流程—结果分析—问题讨论”展开，辅以数据记录表格、公式推导示例（如菌落计数公式、多样性指数计算）；附录部分汇总了培养基配方、染色液配制等实用信息，便于教学与自学。其中，刘菊梅负责第3章和第4章的编写；陈炜负责第1章和第2章的编写；杨强斌负责第5章的编写；李彦林负责附录A的编写；范剑平负责附录B的编写；李礼负责附录C的编写；司万童参与了第5章和附录的编写。全书成稿后，刘菊梅、司万童和刘晨昕、周雨杉、黄佳文、刘佳蕊对全书进行了多次校稿和完善。

本书可供环境科学、环境工程、生物学等专业大中专院校本科生、研究生学习使用，亦可供高校教师、科研人员、环保技术人员参考。

(1) 学生读者：建议先修《环境微生物学》理论课程，实验前预习原理与流程，实验中注重操作规范性与数据记录完整性，实验后结合思考题与案例提升综合分析能力。

(2) 教师读者：可根据教学目标灵活组合实验模块，建议增加开放性设计实验，引导学生自主设计方案、分析结果。

(3) 科研与行业读者：可重点参考群落分析、功能微生物筛选等章节，结合实际需求调整实验参数。

本书的编写和出版得益于多方支持：感谢重庆文理学院环境科学重庆市重点学科和国家一流专业建设点经费资助，感谢国家自然科学基金（42103078）和重庆市教委科学技术研究计划（KJQN202401307）等项目的资助，感谢同仁在资料整理与案例验证中的协助，感谢同学们在全书校稿中的细致工作。同时，感谢实验团队在技术验证中付出的努力，以及行业专家在案例设计中提供的宝贵建议。

环境微生物学的魅力在于理论与实践的深度交融，希望本书成为读者探索微观生态世界的桥梁。期待读者在实验中夯实基础、勇于创新，为环境科学与工程领域的发展贡献力量！

限于编者水平，书中难免存在疏漏与不足，恳请读者提出宝贵意见，以便再版时修订完善。

编　者

2025 年 8 月

目　录

1 微生物学基础实验技术

1.1 微生物实验的注意事项

1.1.1 生物安全等级对应要求

生物安全等级对应要求见表1-1。

表1-1 生物安全等级对应要求

生物安全等级	适用微生物示例	关键防护措施
BSL-1	大肠杆菌K12	普通实验服、手套，开放操作台
BSL-2	金黄色葡萄球菌	生物安全柜、护目镜、密封离心管
BSL-3	结核分枝杆菌	负压实验室、正压防护服、双门灭菌系统

1.1.2 核心操作规范

1.1.2.1 个人防护

穿戴三件套：防渗透实验服（袖口扎紧）、口罩、双层手套（外层带纹理防滑），禁止佩戴首饰（戒指等藏菌区域需要重点防范）。

1.1.2.2 消毒灭菌

工作台面：实验前后用75%乙醇+0.5%过氧乙酸交替擦拭（作用时间≥10 min）。

高压蒸汽灭菌参数：121 ℃/20 min（液体）或121 ℃/30 min（固体）。

干热灭菌参数：160 ℃/2 h（玻璃器皿）。

1.1.2.3 样本操作

液体转移：使用防滴漏移液器（禁止口吸）。

菌种活化：二级容器盛装（主容器+防漏托盘）。

平板划线：火焰灼烧接种环后冷却5 s（避免气溶胶）。

1.1.3 废弃物处理

1.1.3.1 分类处理

感染性废物：高压灭菌后贴生物危害标识（红色垃圾袋）。

锐器：专用耐刺穿容器（装载量≤3/4）。

培养基：121 ℃灭菌30 min后再丢弃。

1.1.3.2 处理记录

登记灭菌温度、时间、操作人。

保存记录不小于3年（ISO 15190要求）。

1.1.4 应急处理预案

1.1.4.1 菌液泄漏

立即用浸透5%次氯酸钠的纱布覆盖（作用30 min）。

1.1.4.2 人员暴露

皮肤接触：0.5%碘伏擦拭→肥皂水冲洗15 min。

眼睛溅入：洗眼器冲洗不小于20 min。

针刺伤：挤血→冲洗→75%乙醇消毒→24 h内预防用药评估。

1.1.4.3 设备故障

生物安全柜异常：立即停止操作，保持负压30 min。

离心机失衡：静置30 min后再处理。

1.2 微生物实验常用仪器和设备

1.2.1 灭菌设备

1.2.1.1 火焰灯

（1）火焰灯是接种工具灭菌及试管等物品无菌化处理的必备器材。

（2）酒精灯、煤气灯是较理想的接种环灭菌器材，火焰的大小可根据需要自行调节。

（3）火焰柱可分为两层：外焰和内焰。由于外焰接触氧气丰富，热度很高，所以烧灼接种环或物品时应使用外焰。

1.2.1.2 高压灭菌设备

（1）高压灭菌器是微生物学实验室必备的设备，用于培养基及其他物品的灭菌。

（2）高压灭菌器有立式、卧式之分，也有比较小型的平提式高压灭菌器，适用于小型实验室。由于热源不同，又可分为蒸气式和电热式，不同的实验室可根据具体情况选用。

1.2.1.3 紫外线消毒车

紫外线消毒车通过紫外光杀灭表面微生物，常用于实验室台面或空气辅助消毒。

1.2.2 样品处理设备

(1) 接种工具：分为接种环和接种针两类。接种环用来挑取标本、菌液及划菌落涂平板等，直径一般为2~4 mm，也可依据需要自定。接种针用来挑取单个菌落，穿刺高层琼脂等。为了适应不同的需要，接种环可做成不同的形式（有环者为接种环或称白金耳，无环者为接种针或称白金）。

(2) 超净工作台：提供无菌操作环境，保护实验人员和样本，实现“人-样本-环境”三重保护。

(3) 离心机：通过离心力分离微生物、细胞或沉淀，富集目标生物，分为低速离心机（≤6000 r/min）、高速离心机（10000~25000 r/min）及超高速离心机（≥30000 r/min）。

1.2.3 培养设备

1.2.3.1 温箱

温箱是进行细菌培养的基本设备，可调控温度范围一般在20~60 ℃，其容积可根据实际要求进行选择，温箱有隔水式和非隔水式两种类型。

培养一般的细菌时，温箱的温度应定在37 ℃，温箱应由控温仪进行温度控制，避免由于温箱偶然升温使细菌死亡，或发育受影响。另外，温箱也可依需要设定其他温度，如26 ℃、43 ℃等。

1.2.3.2 CO_2 培养设备

CO_2 培养设备用于分离和培养需要 CO_2 气体才能生长的病原微生物。市售专用的 CO_2 培养箱，对于常规实验室来说成本太高，一般用蜡烛罐亦可满足要求。以真空干燥罐、标本缸，甚至厌氧培养罐作为蜡烛罐，将接种的平板和试管放在罐内，然后放入点燃的蜡烛，再将罐盖盖好并用凡士林密闭，待蜡烛耗尽罐内的氧气自行熄灭，即达到了所需的5%~10% CO_2 浓度。将蜡烛罐放入普通温箱孵育便可；也可用化学试剂产气法，如每升体积需枸橼酸（$C_6H_8O_7$）9.3 g、Na_2HCO_3 0.37 g，两试剂混合置一小烧杯中，然后置于罐内。向烧杯中加入10 mL蒸馏水，立即将罐封闭，如此产生的 CO_2 环境也比较理想。

1.2.3.3 冰箱

冰箱是微生物学实验室用于储存制备好的培养基、菌种、试剂等的必需设备。用于储存培养基，可选用0~4 ℃范围，放置抗原、抗体等试剂最好选用-20 ℃，菌种保存放于-70 ℃冰箱最好。

1.2.4 显微镜

显微镜用于观察某些病原微生物和人体寄生虫的形态，染色结果（如革兰染色）或运动性（暗视野观察）。

一般的光学显微镜就可满足常规要求，其目镜常用5×、10×、15×放大倍数，物镜常用10×、40×和100×（油镜）放大倍数，细菌和某些寄生虫虫卵等检验常用油镜。有条件的实验室还可装备暗视野显微镜、倒置显微镜、荧光显微镜，甚至能观察病毒等形态的电子显微镜。

1.3 普通光学显微镜的使用与保养

1.3.1 实验目的

（1）了解普通光学显微镜的构造和原理。

（2）学习并掌握普通光学显微镜中油镜的使用方法。

（3）利用油镜观察细菌的形态和构造。

1.3.2 实验原理

1.3.2.1 普通光学显微镜的构造

A 光学部分

目镜：位于显微镜的顶部，靠近观察者眼睛，主要作用是在显微观察时形成清晰放大的虚像。

物镜：位于显微镜下端，安装在镜筒下端的物镜转换器上，接近物体。物镜是由数片凹透镜与凸透镜组合起来的一组镜片，是显微镜分辨性能高低的关键部件。一般有3~4个，根据放大倍数不同分为低倍镜、高倍镜和油镜。

B 机械系统

镜座：是显微镜的底座，通常呈马蹄形或长方形，用于支持整个显微镜镜体，很多显微镜的镜座内装有照明光源等构造。

镜臂：下端连于镜座，上端连于镜筒，是取放显微镜时手握的部位。

镜筒：连于镜臂的前上方，为金属圆筒，一般长为160 mm，镜筒上端装有目镜、下端装有物镜转换器。

物镜转换器：又称旋转盘，是连接在镜筒下端可以自由旋转的凹形圆盘，在物镜转换器的凸面有3~4个圆孔，用来安装不同放大倍数的物镜。

载物台：位于镜筒下方，是用于放置标本片的平台，中央有一个通光孔，大部分显微镜的载物台上装有标本片推进器，移片器上安装的弹簧夹可用于固定玻片标本。

准焦螺旋：分为粗准焦螺旋和细准焦螺旋。转动准焦螺旋可以使载物台上下移动，调节物镜和标本之间的距离，从而起到调焦的作用。

C 照明系统

灯室：位于镜座上，里面装有灯泡，是显微镜的光源；打开电源开关，灯室的灯泡发出光，还可通过亮度旋钮调节光线强弱。

反光镜：安装在镜座上面，可向任意方向转动，有平、凹两面，其作用是将光源光线反射到聚光器上，再经通光孔照明标本。凹面镜聚光作用强，适于光线较弱时使用；平面镜聚光作用弱，适于光线较强时使用。

聚光器：由聚光镜和光圈组成，位于载物台下方的聚光器支架上，其主要作用是把光线集中到所要观察的标本上。

滤光器：在光圈下面，有圆形的滤光片托架，可安放滤光片，其作用是让某一波段的光线通过，同时吸收掉其他的光线。

1.3.2.2 油镜的工作原理

油镜常标有黑圈或红圈（或白圈），它是三者中放大倍数最大的。使用油镜时，油镜与其他物镜的不同点是载玻片与接物镜之间不是隔一层空气，而是隔一层油质，称为油浸系。这种油常选用香柏油，因香柏油的折射率 $n=1.52$，与玻璃基本相同。当光线通过载玻片后，可直接通过香柏油进入物镜而不发生折射。如果玻片与物镜之间的介质为空气，则称为干燥系；当光线通过玻片后，受到折射发生散射现象，进入物镜的光线显然减少，这样视野的照明度就降低了，如图 1-1 所示。

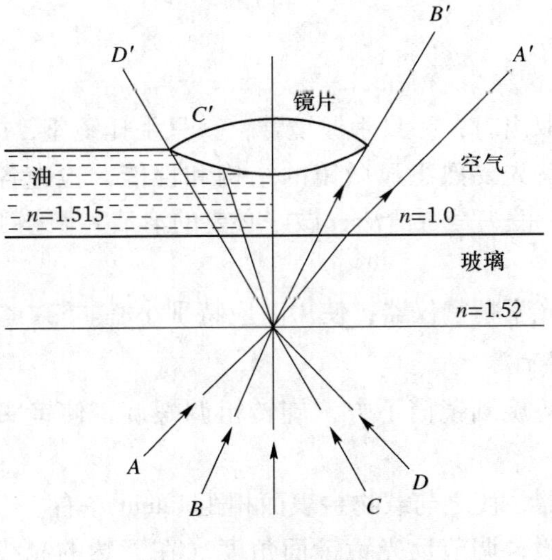

图 1-1 油镜的工作原理

利用油镜不但能增加照明度，更主要的是能增加数值孔径，因为显微镜的放大效能由其数值孔径决定的。所谓数值孔径，即光线投射到物镜上的最大角度（称镜口角）的一半正弦，乘以玻片与物镜间介质折射率所得的乘积，可用下列公式表示：

$$N \cdot A = n \cdot \sin\alpha \quad (1\text{-}1)$$

数值孔径的大小又是衡量一台显微镜分辨力强弱的依据。分辨力是指显微镜能辨别物体两点间最小距离的能力，可分辨两点之间的最小距离 d。

$$d = \lambda/2(N \cdot A) = \lambda/2n \cdot \sin\alpha \quad (1\text{-}2)$$

式中，λ为所用光源波长；α 为物镜镜口角的半数，取决于物镜的直径和工作距离；n 为玻片与物镜间介质的折射率，空气 $n=1.0$、水 $n=1.33$、香柏油 $n=1.52$、玻璃 $n=1.52$ 等；$n \cdot \sin\alpha$ 为数值孔径（$N \cdot A$），是决定物镜性能的最重要指标。

由上述分析可知，若 n 值、α 角越大则 $N \cdot A$ 越大或光波波长越短，则显微镜的分辨力越高，如图 1-2 所示。

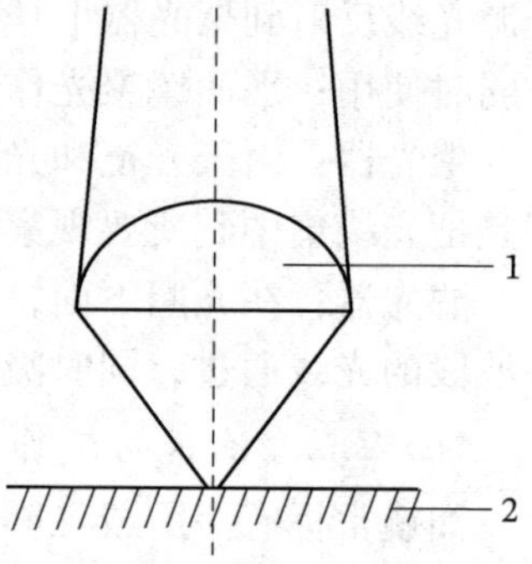

图 1-2 镜口角
1—物镜；2—载玻片

1.3.3 实验材料

标本片（大肠杆菌、葡萄球菌、链球菌、八叠球菌、炭菌杆菌的芽孢和荚膜、细菌三形涂片）、香柏油、二甲苯、擦镜纸等。

1.3.4 实验内容

1.3.4.1 取镜

（1）从镜箱中取出时，一只手握镜臂，一只手托镜座，放在实验台上。

（2）使用前，首先要熟悉显微镜的结构和性能，检查各部零件是否完全合用、镜身有无尘土、镜头是否清洁，做好必要的清洁和调整工作。普通显微镜的构造如图 1-3 所示。

（3）显微镜是光学精密仪器，使用时应特别小心。

1.3.4.2 调节光源

（1）将低倍物镜旋到镜筒下方，旋转粗调螺旋，使镜头和载物台的距离为 0.5 cm 左右。

（2）上升聚光器，使之与载物台表面相距 1 mm 左右。

（3）左眼看目镜，调节反光镜镜面角度（在天然的光线下观察，一般用平面反光镜；若以灯光为光源，则一般多用凹面反光镜）。开闭光圈，调节光线强弱，直至视野内得到最均匀最适宜的照明为止。

（4）一般染色标本用油镜检查，光度宜强，可将光圈开大，聚光器上升到最高，反光镜调至最强；未染色标本，在低倍镜或高倍镜观察时，应适当地缩小

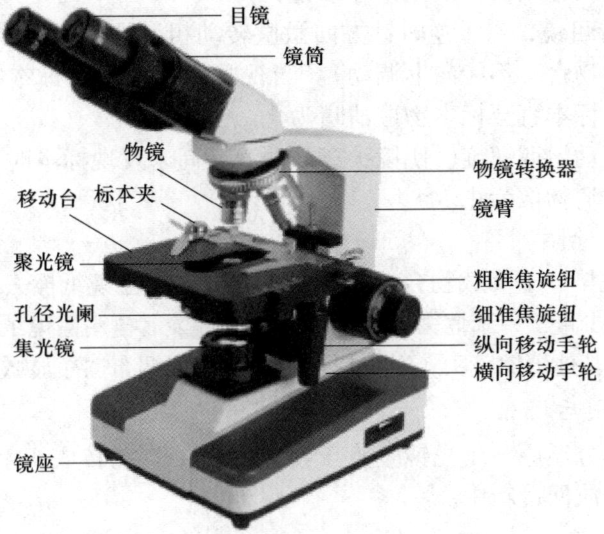

图 1-3 普通光学显微镜的构造

光圈，下降聚光器，调节反光镜，使光度减弱，否则光线过强不易观察。

1.3.4.3 低倍物镜观察

低倍物镜（8×或10×）视野面广，焦点深度较深，为了易于发现目标确定检查位置，故应先用低倍镜观察为宜。

（1）先将标本玻片置于载物台上（注意：标本朝上），并将标本部位处于物镜的正下方、转动粗调螺旋，上升载物台使物镜至距标本约 0.5 cm 处。

（2）左眼看目镜，同时顺时针方向慢慢旋转粗调节螺旋使载物台缓慢上升，至视野内出现物象后，改用细调节螺旋，上下微微转动；仔细调节焦距和照明，直至视野内获得清晰的物像，及时确定需进一步观察的部位。

（3）移动推动器，将要观察的部位置于视野中心，准备换高倍镜观察。

1.3.4.4 高倍物镜观察

将高倍物镜（40×）转至镜筒下方（在转换物镜时，要从侧面注视，以防止低倍镜未对好焦距而造成镜头与玻片相撞），调节光圈和聚光镜，使光线亮度适中；再仔细反复转动微调螺旋，调节焦距，获得清晰的物像，再移动推动器选择最满意的镜检部位将染色标本移至视野中央，待油镜观察。

1.3.4.5 油镜观察

（1）用粗调螺旋下降载物台，转动转换器将油镜转至镜筒正下方，在标本镜检部位滴上一滴香柏油。右手顺时针方向慢慢转动粗调螺旋，上升载物台，并及时从侧面注视使油浸物镜浸入油中，直到几乎与标本接触时为止（注意：切勿压到标本，以免压碎玻片，甚至损坏油镜头)。

(2) 左眼看目镜，右手逆时针方向微微转动粗调螺旋，下降载物台（注意：此时只准下降载物台，不能向上调动)。当视野中有模糊的标本物像时，改用细调螺旋，并移动标本直至标本物像清晰为止。

如果向上转动粗调螺旋已使镜头离开油滴又尚未发现标本时，可重新按上述步骤操作直到看清物像为止。

(3) 观察并绘图。

(4) 观察完毕，下降载物台，取下标本片。先用擦镜纸擦去镜头上的油，然后再用擦镜纸蘸少量二甲苯擦去镜头上残留油迹，最后再用擦镜纸擦去残留的二甲苯。切忌用手或其他纸擦镜头，以免损坏镜头，可用绸布擦净显微镜的金属部件。

1.3.4.6　用后还原

用后将各部分还原，反光镜垂直于镜座，将接物镜转成八字形，再向下旋。罩上镜套，然后放回镜箱中。

1.3.5　注意事项

(1) 显微镜镜头的保护和保养，油镜使用后立即使用擦镜纸蘸二甲苯清洁，并定期清洁机械部件灰尘，防止用手直接触碰光学部件。

(2) 使用显微镜时应据不同的物镜调节光线，切换物镜时防止镜头接触载玻片。

(3) 液体标本需加盖玻片，防止污染物镜。

1.3.6　思考题

(1) 用油镜观察时应注意哪些问题，在载玻片和镜头之间滴什么油，起什么作用?

(2) 影响显微镜分辨率的因素有哪些?

1.4　微生物细胞的显微镜直接计数法

单细胞微生物个体生长时间较短，很快进入分裂繁殖阶段，因此，个体生长难以测定，除非特殊目的，否则单个微生物细胞生长测定实际意义不大。微生物的生长与繁殖（个体数目增加）是交替进行的，它们的生长一般不是依据细胞的大小，而是以繁殖（群体的生长）作为微生物生长的指标。

1.4.1　实验目的

(1) 明确血细胞计数板计数的原理。

(2) 掌握使用血细胞计数板进行微生物计数的方法。

1.4.2 实验原理

显微镜直接计数法是将少量待测样品的悬浮液置于一种特别的具有确定面积和容积的载玻片上（又称计菌器），于显微镜下直接计数的一种简便、快速、直观的方法。目前国内外常用的计菌器有：血细胞计数板、Petroff-Hauser 计菌器以及 Hawksley 计菌器等，它们都可用于酵母、细菌、霉菌孢子等悬液的计数，基本原理相同。其中，后两种计菌器由于盖上盖玻片后总容积为 0.02 mm^3，而且盖玻片和载玻片之间的距离只有 0.02 mm，因此可用油浸物镜对细菌等较小的细胞进行观察和计数。除了用这些计菌器外，还有在显微镜下直接观察涂片面积与视野面积之比的估算法，此法一般用于牛乳的细菌学检查。

显微镜直接计数法的优点是直观、快速、操作简单，但缺点是测得的结果通常是死菌体和活菌体的总和。目前已有一些方法可以克服这一缺点，如结合活菌染色、微室培养（短时间）以及加细胞分裂抑制剂等方法来达到只计数活菌体的目的。本实验以血球计数板为例进行显微镜直接计数，另外两种计菌器的使用方法可参看各厂商的说明书。

用血细胞计数板在显微镜下直接计数是一种常用的微生物计数方法。该计数板是一块特制的载玻片，其上由四条槽构成三个平台；中间较宽的平台又被一个短横槽隔成两半，每一边的平台上各刻有一个方格网，每个方格网共分为九个大方格，中间的大方格即为计数室。

血细胞计数板构造，如图 1-4 所示。计数室的刻度一般有两种规格：一种是一个大方格分成 25 个中方格，每个中方格又分成 16 个小方格（见图 1-4）；另一种是一个大方格分成 16 个中方格，每个中方格又分成 25 个小方格。无论是哪一种规格的计数板，每一个大方格中的小方格都是 400 个。每一个大方格边长为 1 mm，则每一个大方格的面积为 1 mm^2，盖上盖玻片后，盖玻片与载玻片之间的高度为 0.1 mm，所以计数室的容积为 0.1 mm^3（万分之一毫升）。

计数时，通常数五个中方格的总菌数，然后求得每个中方格的平均值，再乘以 25 或 16，就得出一个大方格中的总菌数，然后再换算成 1 mL 菌液中的总菌数。

设五个中方格中的总菌数为 A，菌液稀释倍数为 B，如果是 25 个中方格的计数板，则：

$$1\ \text{mL 菌液中的总菌数} = \frac{A}{5} \times 25 \times 10^4 \times B = 50000A \cdot B\ (\text{个})$$

同理，如果是 16 个中方块的计数板，则：

$$1\ \text{mL 菌液中的总菌数} = \frac{A}{5} \times 16 \times 10^4 \times B = 32000A \cdot B\ (\text{个})$$

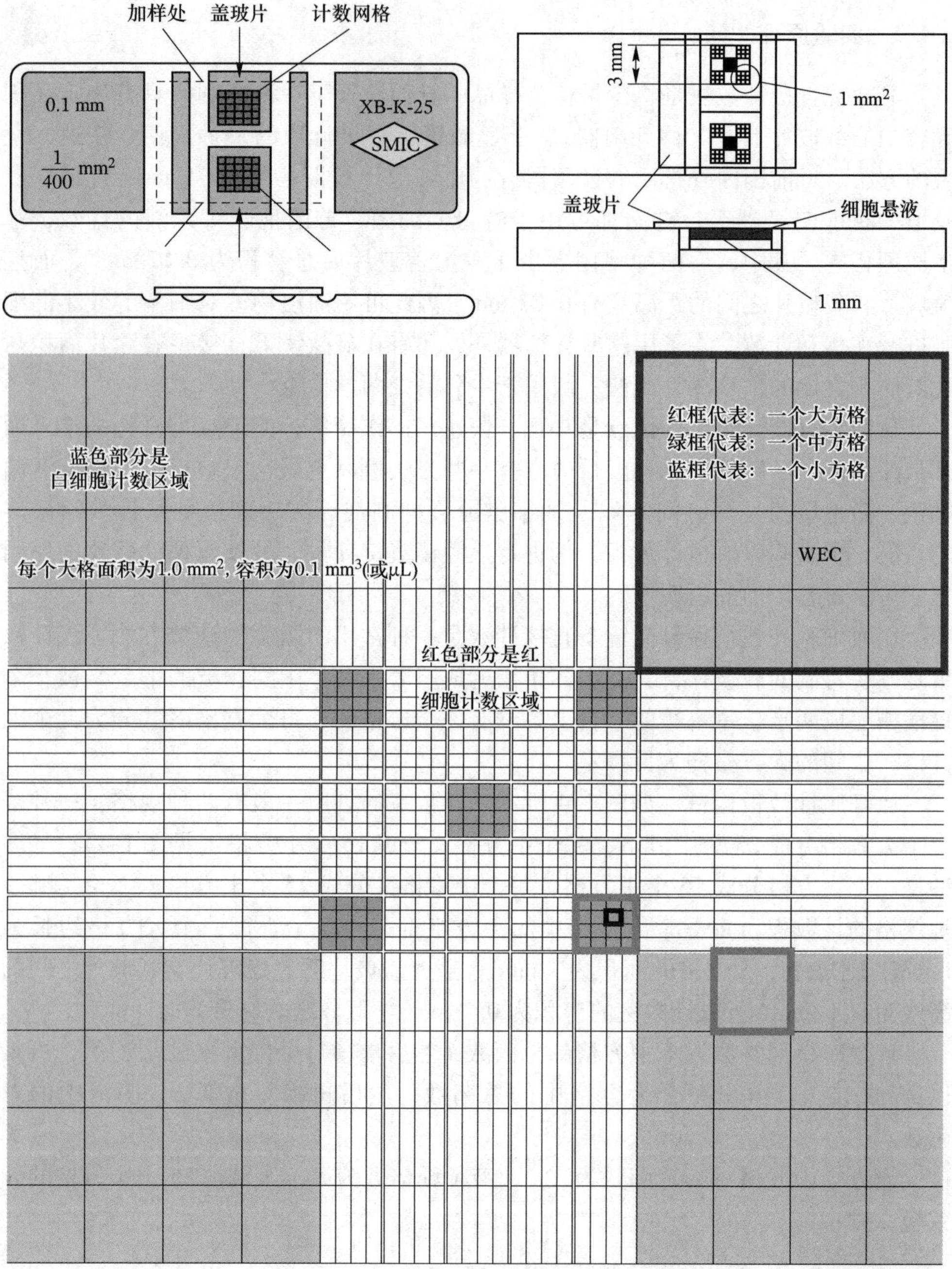

图 1-4　血细胞计数板构造

图 1-4 彩图

1.4.3　实验材料

（1）菌种、酿酒酵母。

（2）仪器或其他用具、血细胞计数板、显微镜、盖玻片、无菌毛细滴管。

1.4.4　实验内容

（1）菌悬液制备。以无菌生理盐水将酿酒酵母制成浓度适当的菌悬液。

（2）镜检计数室。在加样前，先对计数板的计数室进行镜检。若有污物，则需要清洗，吹干后才能进行计数。

（3）加样品。将清洁干燥的血细胞计数板盖上盖玻片，再用无菌的毛细滴管将摇匀的酿酒酵母菌悬液由盖玻片边缘滴一小滴，让菌液沿缝隙依靠毛细渗透作用自动进入计数室，一般计数室均能充满菌液。

（4）显微镜计数。加样后静止 5 min，然后将血细胞计数板置于显微镜载物台上，先用低倍镜找到计数室所在位置，然后换成高倍镜进行计数。

在计数前若发现菌液太浓或太稀，需重新调节稀释度后再计数。一般样品稀释度要求每小格内有 5 ~ 10 个菌体。每个计数室选 5 个中格（可选 4 个角和中央的 1 个中格）中的菌体进行计数。位于格线上的菌体一般只数上方和右边线上的。如果遇酵母出芽，芽体大小达到母细胞的一半时，即作为两个菌体计数。计数一个样品要从两个计数室中计得的平均数值来计算样品的含菌量。

（5）清洗血细胞计数板。使用完毕后，将血细胞计数板在水龙头上用水冲洗干净，切勿用硬物洗刷，洗完后自行晾干或用吹风机吹干。镜检，观察每小格内是否有残留菌体或其他沉淀物。若不干净，则必须重复洗涤至干净为止。

将实验结果记录于表 1-2 中。

表 1-2　血细胞计数板计数结果统计

室别	各中格中的菌数/个					*A*/个	*B*/倍	二室的平均值/个	菌数/个·mL^{-1}
	1	2	3	4	5				
第一室									
第二室									

注：*A* 表示 5 个中方格中的总菌数；*B* 表示菌液稀释倍数。

1.4.5　注意事项

（1）取样时先要摇匀菌液；加样时计数室不可有气泡产生，以免影响计数结果。

（2）调节显微镜光线的强弱要适当，对于用反光镜采光的显微镜还要注意光线不要偏向一边，否则视野中不易看清楚计数室方格线，或只见竖线或只见横线。

1.4.6 思考题

（1）根据你的体会，说明用血细胞计数板计数的误差主要来自哪些方面，应如何尽量减少误差、力求准确？

（2）某单位要求知道一种干酵母粉中的活菌存活率，请设计 1 ~ 2 种可行的检测方法。

1.5 微生物细胞的平板菌落计数法

1.5.1 实验目的

（1）学习平板菌落计数的基本原理和方法。

（2）理解平板菌落计数法和显微镜下直接计数法的优缺点。

1.5.2 实验原理

平板菌落计数法是将待测样品经适当稀释之后，其中的微生物充分分散成单个细胞，取一定量的稀释样液接种到平板上，经过培养，由每个单细胞生长繁殖而形成肉眼可见的菌落，即一个单菌落应代表原样品中的一个单细胞。统计菌落数，根据其稀释倍数和取样接种量即可换算出样品中的含菌数。但是，由于待测样品往往不易完全分散成单个细胞，长成的一个单菌落也可能来自样品中的 2 ~ 3 或更多个细胞，因此平板菌落计数的结果往往偏低。为了清楚地阐述平板菌落计数的结果，现在已倾向使用菌落形成单位（colony-forming units，CFU），而不以绝对菌落数表示样品的活菌含量。

虽然平板菌落计数法操作较繁，需要培养一段时间才能取得结果，而且测定结果易受多种因素的影响。但是，由于该计数方法的最大优点是可以获得活菌的信息，所以被广泛用于生物制品检验（如活菌制剂），以及食品、饮料和水（包括水源水）等的含菌指数或污染程度的检测。

1.5.3 实验材料

（1）菌种、大肠杆菌的菌悬液。

（2）培养基、牛肉膏蛋白胨培养基。

（3）仪器或其他用具：1 mL 无菌吸管、无菌平皿、盛有 4.5 mL 无菌水的试管、试管架、恒温培养箱等。

1.5.4 实验内容

1.5.4.1 样品编号

取无菌平皿9套，分别用记号笔标明10^{-4}、10^{-5}、10^{-6}（稀释度）各3套。另取6支盛有4.5 mL无菌水的试管，依次标记为10^{-1}、10^{-2}、10^{-3}、10^{-4}、10^{-5}、10^{-6}。

1.5.4.2 稀释

用1 mL无菌吸管吸取1 mL已充分混匀的大肠杆菌菌悬液（待测样品），精确地放入0.5 mL至10^{-2}试管中，此即为10倍稀释。之后，将多余的菌液放回原菌液中。

将10^{-1}试管置试管振荡器上振荡，使菌液充分混匀。另取一支1 mL吸管插入10^{-1}试管中来回吹吸菌悬液3次，进一步将菌体分散、混匀。吹吸菌液时不要太猛太快，吸时吸管伸入管底，吹时离开液面，以免将吸管中的过滤棉花浸湿或使试管内液体外溢。用此吸管吸取10^{-1}菌液1 mL，精确地放入0.5 mL至10^{-2}试管中，此即为100倍稀释。其余依次类推，整个过程如图1-5所示。

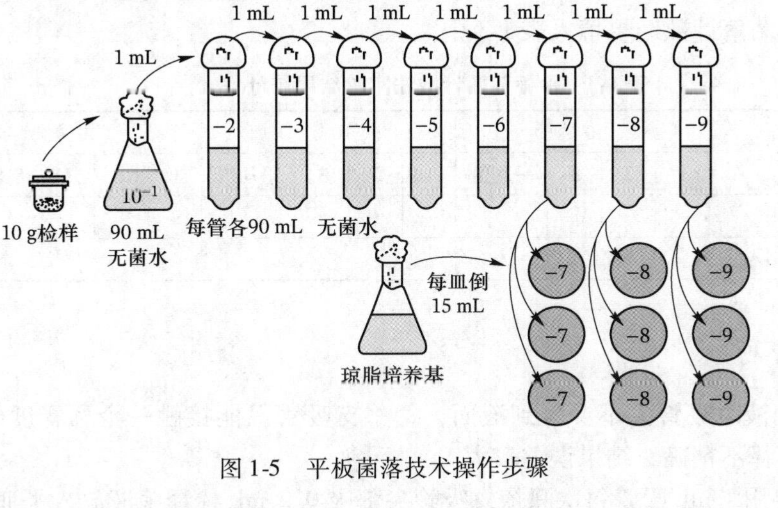

图1-5 彩图

图1-5 平板菌落技术操作步骤

1.5.4.3 取样

用3支1 mL无菌吸管分别吸取10^{-4}、10^{-5}和10^{-6}的稀释菌悬液各1 mL，对号放入编好号的无菌平皿中，每个平皿放0.2 mL。

1.5.4.4 倒平板

(1) 尽快向上述盛有不同稀释度菌液的平皿中倒入融化后冷却至45 ℃左右的牛肉膏蛋白胨培养基约15 mL/平皿，置水平位置迅速旋动平皿，使培养基与菌液混合均匀，而又不使培养基荡出平皿或溅到平皿盖上。

（2）待培养基凝固后，将平板倒置于 37 ℃恒温培养箱中培养。

1.5.4.5 计数

培养 48 h 后，取出培养平板，算出同一稀释度三个平板上的菌落平均数，并按下列公式进行计算：

菌落形成单位(CFU/mL) = 同一稀释度三次重复的平均菌落数 × 稀释倍数 × 5

一般选择每个平板上长有 30 ~ 300 个菌落的稀释度计算每毫升的含菌量较为合适。同一稀释度的三个重复对照的菌落数不应相差很大，否则表示试验不精确。实际工作中同一稀释度重复对照平板不能少于三个，这样便于数据统计，减少误差。由 10^{-4}、10^{-5}、10^{-6} 三个稀释度计算出的每毫升菌液中菌落形成单位数也不应相差太大。

平板菌落计数法的操作除上述倾注倒平板的方式以外，还可以用涂布平板的方式进行。二者操作基本相同，所不同的是后者先将牛肉膏蛋白胨培养基融化后倒平板，待凝固后编号，并于 37 ℃左右的温箱中烘烤 30 min，或在超静工作台上适当吹干，然后用无菌吸管吸取稀释好的菌液对号接种于不同稀释度编号的平板上，并尽快用无菌玻璃涂棒将菌液在平板上涂布均匀，平放于实验台上 20 ~ 30 min，使菌液渗入培养基表层内，然后倒置 37 ℃的恒温箱中培养 24 ~ 48 h。

将培养后菌落计数结果填入表 1-3 中。

表 1-3 平板菌落计数法实验结果统计

稀释度	10^{-4}				10^{-5}				10^{-6}			
	1	2	3	平均值	1	2	3	平均值	1	2	3	平均值
CFU/平板												
每毫升中的 CFU 数												

1.5.5 注意事项

（1）放菌液时吸管尖不要碰到液面，每一支吸管只能接触一个稀释度的菌悬液，否则稀释不精确，结果误差较大。

（2）不要用 1 mL 吸管每次只依靠吸管尖部吸 0.2 mL 稀释菌液放入平皿中，这样容易加大同一稀释度几个重复平板间的操作误差。

（3）由于细菌易吸附到玻璃器皿表面，所以菌液加入培养皿后，应尽快倒入融化并已冷却至 45 ℃左右的培养基，立即摇匀，否则细菌将不易分散或长成的菌落连在一起，影响计数。

（4）平板菌落计数法中，选择倒平板的稀释度是很重要的。一般以三个连续稀释度中的第二个稀释度倒平板培养后出现的平均菌落数在 50 个左右为好，否则要适当增加或减少稀释度加以调整。

（5）涂布平板的菌落悬液量一般以 0.1 mL 较为适宜，如果过少菌落不易涂布开，过多则在涂布完后或在培养时菌液仍会在平板表面流动，不易形成单菌落。

1.5.6 思考题

（1）为什么融化后的培养基要冷却至 45 ℃左右才能倒平板？

（2）要使平板菌落计数准确，需要掌握哪几个关键，为什么？

（3）试比较平板菌落计数法和显微镜下直接计数法的优缺点及应用。

（4）当你的平板上长出的菌落不是均匀分散的而是集中在一起时，你认为问题出在哪里？

（5）用倒平板法和涂布法计数，其平板上长出的菌落有何不同，为什么要培养较长时间（48 h）后观察结果？

1.6 常用玻璃器皿的洗涤、干燥与包扎

微生物学实验所用的器皿，大多要进行消毒、灭菌和用来培养微生物，因此对其质量、洗涤和包装方法均有一定的要求。玻璃器皿一般要求硬质玻璃，才能承受高温和短暂灼烧而不致破裂；玻璃器皿的游离碱含量要少，否则会影响培养基的酸碱度；玻璃器皿的形状和包装方法要求能防止污染杂菌为准；洗涤玻璃器皿的方法不当也会影响实验的结果。目前国外微生物学实验室中，有些玻璃器皿（如培养皿、吸管等）已被一次性塑料制品代替，但玻璃器皿仍是重要的实验室用具。本节将主要对玻璃器皿做详细介绍，同时也对接种或转移微生物的工具等做相应的说明。

1.6.1 器皿的种类、要求与应用

（1）试管。微生物学实验室所用玻璃试管，其管壁必须比化学实验室用得厚些，这样在塞棉花塞时，管口才不会破损。试管的形状要求没有翻口，不然，微生物容易从棉塞与管口的缝隙间进入试管而造成污染，也不便于盖试管帽。有的实验要求尽量减少蒸发试管内的水分，则需要使用螺口试管，盖以螺口胶木帽或塑料帽。培养细菌一般用金属（如铝）帽或棉塞，也有的用泡沫塑料塞。

试管的大小可根据用途的不同，有下列三种型号：

1）大试管，约 ϕ18 mm × 180 mm，可盛倒平板用的培养基；亦可作制备琼脂斜面用（需要大量菌体时用）和盛液体培养基用于微生物的振荡培养。

2）中试管，ϕ(13 ~ 15) mm × (100 ~ 150) mm，盛液体培养基培养细菌或做琼脂斜面用，亦可用于细菌、病毒等的稀释和血清学试验。

3）小试管，ϕ(10 ~ 12) mm × 100 mm，一般用于糖发酵或血清学试验，和

其他需要节省材料的试验。

（2）德汉氏小管。观察细菌在糖发酵培养基内产气情况时，一般在小试管内再套一个倒置的小套管（约 ϕ6 mm×36 mm），这个小套管即为德汉氏小管，又称发酵小套管。

（3）三角烧瓶与烧杯。三角烧瓶有 100 mL、250 mL、500 mL 和 1000 mL 等不同的大小，常用来盛无菌水、培养基和振荡培养微生物等。常用的烧杯有 50 mL、100 mL、250 mL、500 mL 和 1000 mL 等，用来配制培养基与各种溶液等。

（4）培养皿。常用的培养皿的皿底直径 90 mm、高 15 mm，皿底、皿盖均为玻璃制成。但有特殊需要时，可使用陶器皿盖，因其能吸收水分，使培养基表面干燥。例如，测定抗生素生物效价时，培养皿不能倒置培养，则用陶器皿盖为好。

在培养皿内倒入适量固体培养基制成平板，可用于分离、纯化、鉴定菌种，活菌计数以及测定抗生素、噬菌体的效价等。

（5）载玻片与盖玻片。普通载玻片大小为 75 mm×25 mm，用于微生物涂片、染色、做形态观察等。盖玻片尺寸为 18 mm×18 mm。

凹玻片是在一块较厚玻片中有一圆形凹窝，作为悬滴观察活细菌以及微室培养用。

（6）双层瓶。由内外两个玻璃瓶组成，内层小锥形瓶放香柏油，供油镜头观察微生物时使用，外层瓶盛放二甲苯，用以擦净油镜头。

（7）滴瓶。用来装各种染料、生理盐水等。

（8）接种工具。有接种环（inoculating loop）、接种针（inoculating needle）、接种钩（inoculating hook）、接种炉（inoculating shovel）、玻璃涂布器（glass spreader）等。制造环、针、钩、铲的金属可用铂或镍，原则是软硬适度，能经受火焰反复烧灼，又易冷却。接种细菌和酵母菌用接种环和接种针，其铂丝或镍丝直径以 0.5 mm 为适当，环的内径为 2～4 mm，环面应平整。

1.6.2 玻璃器皿的清洗方法

清洁的玻璃器皿是实验得到正确结果的先决条件，因此，玻璃器皿的清洗是实验前的一项重要准备工作。清洗方法根据实验目的、器皿的种类、盛放的物品、洗涤剂的类别和沾污程度等的不同而有所不同。

1.6.2.1 新购玻璃器皿的洗涤

新购玻璃器皿表面带有游离的碱性物质，可通过酸性溶液洗涤、清除干净。对于容量较小的玻璃器皿，如试管、小烧杯、锥形瓶等，可将其放入 2% 盐酸溶液中浸泡数小时，最后用流水将其反复冲洗至干净，并倒置于洗涤架上自然风干、备用。

对于容量较大的玻璃器皿，如大烧杯、圆底烧瓶、量筒等，则可先将其洗净，然后倒入5~10 mL浓盐酸，小心转动玻璃器皿使其内表面均沾有浓盐酸，并持续转动数分钟，最后倾去浓盐酸，用流水冲洗玻璃器皿上的残余盐酸。洗净后，将其倒置于洗涤架上自然风干、备用。

注意：使用后的浓盐酸应集中回收处理。

1.6.2.2 常用旧玻璃器皿的洗涤

对于无病原菌或未被带菌物污染的玻璃器皿、未曾盛放过特殊试剂的一般玻璃器皿（如烧瓶、烧杯等），可以用常规清洗方式进行洗涤，即加入肥皂、洗衣粉等洗涤剂，先使用毛刷刷洗，然后依次使用自来水和蒸馏水淋洗。

对于计量型玻璃器皿（如量筒、移液管等），可以使用肥皂和洗衣粉洗涤，但不能用毛刷刷洗，以免损坏其刻度，影响测量准确度。

对用于分析某些痕量金属的玻璃器皿，由于分析金属的量很少，毛刷清洁不方便，可使用（1∶1）~（1∶9）硝酸溶液浸泡，以除去表面吸附的金属离子，然后使用常规性洗涤方法洗涤。

对于带有无机物或少量油污的玻璃器皿，则应先用铬酸洗涤液浸泡20~40 min，再进行淋洗。

注意：洗涤完毕之后的洗涤液要回收到指定容器中，不可随意乱倒。铬酸洗涤液需要密闭保存，以防吸水失效；铬酸洗涤液可以重复使用，当洗涤剂颜色变绿时失效。

对于带有油污或者其他有机污垢的玻璃器皿，则可先将玻璃器皿放入较大容器中，倒入碱性$KMnO_4$溶液，浸泡2 h后倒出，用盐酸或草酸洗涤剂洗去留下的褐色MnO_2痕迹，再用常规性洗涤方法洗涤。

对于带有油污的玻璃器皿，可以采用乙醇、乙醚、丙酮、汽油、石油醚等有机溶剂进行洗涤。洗涤过程中应注意有机溶剂是否易燃或有毒性，注意安全。

1.6.2.3 带菌玻璃器皿的洗涤

在实验过程中，对于接触过活性菌种的各种玻璃器皿，必须先进行高温灭菌，然后才能进行刷洗。

（1）带菌培养皿、试管及三角瓶等。在实验完成后，先将玻璃器皿放入消毒桶内，在0.1 MPa压力下灭菌20~30 min，再进行常规性洗涤。在进行高压灭菌时，培养皿的盖和底需要分开放置并灭菌。

（2）带菌的吸管、滴管。吸取带菌溶液后的吸管和滴管，不能直接置于实验桌面上，应立即放入含有5%石炭酸或0.25%新洁尔灭溶液的玻璃缸内进行消毒。一定时间后，再经0.1 MPa灭菌20 min后，取出冲洗。

（3）带菌载玻片及盖玻片。使用后不得放在桌子上，应立即转入含有5%石炭酸或0.25%新洁尔灭溶液的玻璃缸内进行消毒，用镊子夹出并经蒸馏水洗净后，置于载玻片架上晾干、待用。

（4）带菌并含油脂的玻璃器皿。带菌并含油脂的玻璃器皿需要单独进行灭菌（灭菌条件为：0.1 MPa，20～30 min），以免沾污其他玻璃仪器。趁热倒去玻璃器皿中的污物，倒置在铺有吸油纸的托盘上，在100 ℃烘箱中烘烤30 min，冷却至60 ℃左右取出器皿，用5%碳酸氢钠水煮2次，用肥皂水刷洗干净。

1.6.3 清洗注意事项

（1）清洗时应注意个人安全，先戴好手套，再进行洗涤。

（2）不能用具有腐蚀作用的化学试剂或硬度大于玻璃的物品对玻璃器皿进行擦拭，以免对玻璃器皿造成损坏。

（3）清洗或使用强酸、强碱等具有腐蚀性物质时，溶液不能直接倾倒在洗涤槽内，必须倾倒在废液槽中集中处理。

（4）在清洗琼脂等可能堵塞下水道的物质时，为避免池体堵塞，应先将凝固的琼脂倒出，用报纸包裹或倒在废料缸内。

（5）使用过的玻璃器皿应立即洗涤，久置可能会增加洗涤难度。

（6）判定玻璃器皿洗涤干净的标准：当玻璃器皿表面被蒸馏水淋洗时，能被水均匀地润湿，形成均匀水膜，器壁上的水既不聚成水滴也不成股流下；若内壁仍挂有水珠，则表明油垢未完全洗净，仍需要用洗涤剂清洗，或浸泡数小时后，再用流水充分清洁。

（7）难洗涤的玻璃器皿和易洗涤的玻璃器皿应该分开清洗；有油垢的玻璃器皿应与无油垢的玻璃器皿分开洗涤，以免无油器皿黏上油垢，增加药剂的使用和洗涤时间。

（8）承载或接触过具有传染性材料的器皿，洗涤前先进行高压灭菌，洗涤时应注意做好保护措施。

1.6.4 玻璃器皿的干燥

（1）对于不急用的玻璃器皿，放在实验室中自然晾干即可。

（2）对于急用的玻璃器皿，应先将洗净后的玻璃器皿置于托盘上（或直接）放入烘箱中，在80～120 ℃烘干。待烘箱温度冷却到60 ℃左右取出，稍冷后即可使用。

1.6.5 玻璃器皿的包扎

1.6.5.1 培养皿的包扎

洗净的培养皿每12组为一套，用旧报纸进行包装，卷成一筒，必要时可以用棉线进行包扎以确保纸筒牢固。将包扎好的培养皿装入高压灭菌锅配置的铁篮中进行灭菌。

1.6.5.2 吸管的包扎

将吸管洗净、烘干，在吸口用一段镊子或针塞入一小段（长约 1.5 cm）脱脂棉花，避免菌体进入吸口处或进行吹气时吸口中的微生物进入吸管中。塞入的脱脂棉花需要适量，不宜暴露在吸管口的外面，可以使用酒精灯将暴露在外面的棉花点燃。

将旧报纸裁剪成宽 4 ~ 5 cm 的纸条，每支吸管放在旧报纸的近左端，以约 45°的角度呈螺旋状用纸条卷起。将左端多余的纸条折在吸管上，将整根吸管卷入报纸中，右端多余的报纸拧成条状打结，使纸条不易散开，在纸条上标注吸管容量。

用一张大报纸包好吸管，置于烘箱中干热灭菌。灭菌后的吸管应在需要时从中间拧断纸条，抽出使用。

1.6.5.3 试管的包扎

在包扎试管时，需要准备合适大小的棉花作棉塞，以过滤空气，避免空气中的微生物进入试管，污染容器。在制作棉塞时，棉塞要紧贴试管壁且和试管内壁没有皱纹及缝隙。棉塞的长度应不低于试管口直径的 2 倍，并要求将棉塞的 2/3 塞进管口，棉塞既不能太紧也不能太松。太紧会导致管口破裂，不易挤入；太松容易掉落，造成污染。

塞好棉塞的试管按 6 ~ 8 支为一组包扎在一起（先用报纸包裹棉塞部分，再用棉绳绑紧）。

1.6.5.4 锥形瓶的包扎

洗净、烘干后的锥形瓶，用无菌封口膜封住瓶口并用棉线包扎。具体的包扎方法：准备一根棉线，长度约为锥形瓶口的 3 倍。将棉线的一端留有 4 ~ 5 cm；用拇指按在封口膜上，剩余棉线缠绕拇指和锥形瓶 2 圈；抽出拇指，用留有的棉线绕成一个小圈穿过拇指抽离后留下的空隙，拉动剩下端的棉线，绑紧瓶口，完成锥形瓶的包扎，进行高压灭菌。

1.7 消毒与灭菌方法

1.7.1 消毒、灭菌方法简介

消毒一般是指采用物理、化学和生物的方法消除物体的表面病原菌和有害微生物营养体的过程。灭菌是指采用物理、化学和生物的方法杀灭一切微生物的营养体、芽孢和孢子的过程。在微生物实验中，需要进行纯培养，不能有任何杂菌污染，因此对所用器材、培养基和工作场所都要进行严格的消毒和灭菌。有四种类型的消毒或灭菌方式，分别为加热法、过滤除菌法、辐射法、化学药品消毒法。其中，加热法又分为干热灭菌和湿热灭菌两类。

1.7.1.1 干热灭菌

干热灭菌有火焰灼烧灭菌和热空气灭菌两种。细胞内蛋白质的凝固性与其含水量有关。在菌体受热时，环境和细胞内含水量越大，则蛋白质凝固就越快；反之，凝固缓慢。因此，与湿热灭菌相比，干热灭菌所需温度要高，时间要长。

1.7.1.2 湿热灭菌

高压蒸气灭菌法是将待灭菌的物品放在一个密闭的灭菌锅内，通过加热，使灭菌锅隔套间的水沸腾而产生蒸汽。待水蒸气急剧将锅内冷空气从排气阀中趋尽，关闭排气阀，继续加热。由于水蒸气无法排出，增加了灭菌锅内的压力，从而使沸点增高，得到高于100 ℃的温度，导致菌体蛋白质凝固变性，从而达到灭菌的目的。

1.7.1.3 过滤除菌

过滤除菌是通过机械作用滤去液体或气体中细菌的方法。根据不同的需要，选用不同的滤器和滤板材料。此法除菌的最大优点是可以不破坏溶液中各种物质的化学成分，由于滤量有限，所以一般只适用于实验室中小量溶液的过滤除菌。

1.7.1.4 辐射灭菌

（1）放射线辐照灭菌。放射线辐照灭菌主要使用γ射线、X射线或电子束等电离辐射。这些射线具有较高的能量，能够穿透物体，当它们与微生物细胞相互作用时，会使细胞中的水分子发生电离和激发，产生如羟基自由基、氢自由基等活性粒子。这些活性粒子极具氧化性和反应性，可破坏微生物的核酸、蛋白质等生物大分子的结构和功能，导致微生物死亡，从而达到灭菌的目的。同时，射线也可直接作用于微生物的DNA，使其断裂或发生碱基损伤，干扰微生物的代谢、复制和繁殖过程，进而实现灭菌效果。

（2）紫外线灭菌。紫外线灭菌是用紫外线灯进行的。紫外线杀菌可抑制DNA的复制（诱导了胸腺嘧啶二聚体的形成和DNA链的交联）；可生成臭氧（O_3）或过氧化氢（H_2O_2），O_3和H_2O_2均有杀菌作用。

1.7.1.5 化学药品灭菌

化学药品灭菌是通过破坏微生物细胞膜、使蛋白质变性等作用，消灭微生物繁殖体或芽孢，消毒对象是物体表面、空气、污染物品等，消毒方式是擦洗、熏蒸、浸泡等。

1.7.1.6 实验任务

（1）每组配制700 mL牛肉膏蛋白胨培养基。

（2）将培养基分装至6把试管（6×7支，不超过管高1/5），剩余的培养基装入锥形瓶中（每瓶约150 mL）。

（3）对试管、锥形瓶进行包装，贴上标签（培养基名称、配制时间、组别）。

（4）高压蒸汽灭菌（121 ℃，灭菌20 min）。

1.7.1.7 思考题

（1）培养基配制好后，为什么必须立即灭菌，如何检查灭菌后的培养基是否为无菌的？

（2）如果需要配制一种含有某抗生素的固体培养基，其中抗生素的终质量浓度（或工作浓度）为50 μg/mL，你将如何操作（提示：抗生素在高温下易失效）？

1.7.2 干热灭菌

1.7.2.1 实验目的

（1）了解干热灭菌的原理和应用范围。

（2）学习干热灭菌的操作技术。

1.7.2.2 实验原理

干热灭菌是利用高温使微生物细胞内的蛋白质凝固变性而达到灭菌的目的。细胞内的蛋白质凝固性与其本身的含水量有关，在菌体受热时，当环境和细胞内含水量越大，则蛋白质凝固就越快；反之，含水量越小，凝固越缓慢。因此，与湿热灭菌相比，干热灭菌所需温度高（160～170 ℃），时间长（1～2 h）。但干热灭菌温度不能超过170 ℃，否则，包器皿的纸或棉塞就会烧焦，甚至引起燃烧。

1.7.2.3 实验材料

培养皿、试管、吸管、电烘箱等。

1.7.2.4 实验内容

（1）装入待灭菌物品。将包好的待灭菌物品（培养皿、试管、吸管等）放入电烘箱内，关好箱门。

（2）升温。接通电源，拨动开关，打开电烘箱排气孔，旋动恒温调节器至绿灯亮，让温度逐渐上升。当温度升至100 ℃时，关闭排气孔。在升温过程中，如果红灯熄灭、绿灯亮，表示电烘箱内停止加温，此时如果还未达到所需的160～170 ℃温度，则需转动调节器使红灯再亮，如此反复调节，直至达到所需温度。

（3）恒温。当温度升到160～170 ℃时，借恒温调节器的自动控制，保持此温度2 h。

（4）降温。切断电源，自然降温（骤然降温可能导致玻璃炸裂）。

（5）开箱取物。待电烘箱内温度降到 50 ℃以下后，打开箱门，戴隔热手套取出灭菌物品，立即转移至无菌区域或密封保存。

1.7.2.5 注意事项

（1）物品间保留空隙（ >2 cm），以免妨碍空气流通，灭菌物品不要接触电烘箱内壁的铁板，以防包装纸烤焦起火，避免重物叠放，防止受热不均匀。

（2）干热灭菌过程中，严防恒温调节的自动控制失灵而造成安全事故。

（3）电烘箱内温度未降到 50 ℃以前，切勿自行打开箱门，以免骤然降温导致玻璃器皿炸裂。

（4）全程佩戴耐高温手套，避免直接接触灭菌箱内壁或高温物品。

1.7.2.6 思考题

（1）在干热灭菌操作过程中应注意哪些问题，为什么?

（2）为什么干热灭菌比湿热灭菌所需的温度高、时间长? 请设计干热灭菌和湿热灭菌效果比较实验方案。

1.7.3 湿热灭菌

1.7.3.1 实验目的

（1）了解高压蒸汽灭菌的基本原理及应用范围。

（2）学习高压蒸汽灭菌的操作方法。

1.7.3.2 实验原理

在同一温度下，湿热的杀菌效力比干热大。其原因有三：一是湿热中细菌的菌体吸收水分，蛋白质较易凝固，因蛋白质含水量增加，所需凝固温度降低（见表 1-4）；二是湿热的穿透力比干热大（见表 1-5）；三是湿热的蒸汽有潜热存在。1 g 水在 100 ℃时，由气态变为液态时可放出 2.26 kJ 的热量。这种潜热，能迅速提高被灭菌物体的温度，从而增加灭菌效力。

表 1-4 蛋白质含水量与凝固所需温度的关系

卵白蛋白含水量/%	30 min 内凝固所需温度/℃
50	56
25	74 ~ 80
18	80 ~ 90
6	145
0	160 ~ 170

表 1-5 干热湿热穿透力及灭菌效果比较

温度/℃	时间/h	透过布层的温度/℃			灭菌效果
		20 层	10 层	100 层	
干热 130 ~ 140	4	86	72	70.5	不完全
湿热 105.3	3	101	101	101	完全

在使用高压蒸汽灭菌锅灭菌时，灭菌锅内冷空气的排除是否完全极为重要。因为空气的膨胀压大于水蒸气的膨胀压，所以，当水蒸气中含有空气时，在同一压力下，含空气蒸气的温度低于饱和蒸气的温度。灭菌锅内留有不同分量空气时，压力与温度的关系见表 1-6。

表 1-6 灭菌锅留有不同分量空气时，压力与温度的关系

压 力			温度/℃				
MPa	kg/cm^2	Ib/in^2	全部空气排出	2/3 空气排出	1/2 空气排出	1/3 空气排出	空气全不排出
0.03	0.35	5	108.8	100	94	90	72
0.07	0.70	10	115.6	109	105	100	90
0.10	1.05	15	121.3	115	112	109	100
0.14	1.40	20	126.2	121	118	115	109
0.17	1.75	25	130.0	126	124	121	115
0.21	2.10	30	134.6	130	128	126	121

注：现在法定压力单位已不用磅和 kg/cm^2 表示，而是用 Pa 表示，其换算关系为：1 kg/cm^2 = 98066.5 Pa；1 Ib/in^2 = 6894.76 Pa。

一般培养基用 0.1 MPa（相当于 15 Ib/in^2 或 1.05 kg/cm^2）、121.5 ℃，15 ~ 30 min 可达到彻底灭菌的目的，灭菌的温度及维持的时间随灭菌物品的性质和容量等具体情况而有所改变。例如，含糖培养基用 0.06 MPa（8 Ib/in^2 或 0.59 kg/cm^2）、112.6 ℃灭菌 15 min，为了保证效果，可将其他成分先行 121.3 ℃、20 min 灭菌，然后以无菌操作手续加入灭菌的糖溶液；盛于试管内的培养基以 0.1 MPa、121.5 ℃灭菌 20 min 即可，而盛于大瓶内的培养基最好以 0.1 MPa、122 ℃灭菌 30 min。

实验中常用的非自控高压蒸汽灭菌锅有卧式和手提式两种。其结构和工作原理相同，本实验以手提式高压蒸汽灭菌锅为例，介绍其使用方法。有关自控高压蒸汽灭菌锅（autoclave）的使用可参照厂家说明书。

1.7.3.3 实验材料

牛肉膏蛋白胨培养基、培养皿（6 套 1 包）、手提式高压蒸汽灭菌锅等。

1.7.3.4 实验内容

（1）将内层灭菌桶取出，向外层锅内加入适量的水，以水面与三角搁架相

平为宜。

(2) 放回灭菌桶，并装入待灭菌物品。注意：不要装得太挤，以免妨碍蒸汽流通而影响灭菌效果。三角烧瓶与试管口端均不要与桶壁接触，以免冷凝水淋湿包口的纸而透入棉塞。

(3) 加盖，并将盖上的排气软管插入内层灭菌桶的排气槽内。再以两两对称的方式同时旋紧相对的两个螺栓，使螺栓松紧一致，勿使漏气。

(4) 用电炉或煤气加热，并同时打开排气阀，使水沸腾以排除锅内的冷空气。待冷空气完全排尽后，关上排气阀，让锅内的温度随蒸汽压力增加而逐渐上升。当锅内压力升到所需压力时，控制热源，维持压力至所需时间。本实验用 1.05 MPa、121.3 ℃、20 min 灭菌。

(5) 灭菌所需时间到后，切断电源或关闭煤气，让灭菌锅内温度自然下降。当压力表的压力降至“0”时，打开排气阀，旋松螺栓，打开盖子，取出灭菌物品。如果压力未降到“0”时，打开排气阀，就会因锅内压力突然下降，使容器内的培养基由于内外压力不平衡而冲出烧瓶口或试管口，造成棉塞沾染培养基而发生污染。

(6) 将取出的灭菌培养基放入 37 ℃温箱培养 24 h，经检查若无杂菌生长，即可待用。

1.7.3.5 注意事项

(1) 切勿忘记加水，同时加水量不可过少，以防灭菌锅烧干而引起炸裂事故。

(2) 灭菌的主要因素是温度而不是压力。因此锅内冷空气必须完全排尽后，才能关上排气阀，维持所需压力。

(3) 当含盐类的液体和含盐的琼脂中大量的盐类泼洒在工作腔体时，要立即换水，冲洗腔体，仔细擦干锅盖垫圈上的水滴，否则它们会带来腐蚀和变质。

(4) 外来物质（金属、液体）不能堵塞通风孔，否则会引起装置故障、起火、短路。

1.7.3.6 思考题

(1) 高压蒸汽灭菌开始之前，为什么要将锅内冷空气排尽？灭菌完毕后，为什么待压力降至“0”时才能打开排气阀，开盖取物？

(2) 在使用高压蒸汽灭菌锅灭菌时，怎样杜绝一切不安全的因素？

(3) 灭菌在微生物实验操作中有何重要意义？

(4) 黑曲霉的孢子与芽孢杆菌的孢子对热的抗性哪个最强，为什么？

1.7.4 紫外线灭菌

1.7.4.1 实验目的

(1) 理解紫外线灭菌的原理。

（2）掌握紫外线灭菌的方法。

1.7.4.2 实验原理

波长为200～300 nm的紫外线都有杀菌能力，其中以260 nm的杀菌力最强。在波长一定的条件下，紫外线的杀菌效率与强度和时间的乘积成正比。紫外线杀菌机理主要是因为它诱导了胸腺嘧啶二聚体的形成和DNA链的交联，从而抑制了DNA的复制。另外，由于辐射能使空气中的氧电离成［O］，再使O_2氧化生成臭氧（O_3）或使水（H_2O）氧化生成过氧化氢（H_2O_2），O_3和H_2O_2均有杀菌作用。紫外线穿透力不大，所以，只适用于无菌室、接种箱、手术室内的空气及物体表面的灭菌。紫外线灯距照射物以不超过1.2 m为宜。

此外，为了加强紫外线灭菌效果，在打开紫外灯以前，可在无菌室内（或接种箱内）喷洒3%～5%石炭酸溶液，一方面使空气中附着有微生物的尘埃降落，另一方面也可以杀死一部分细菌。无菌室内的桌面、凳子可用2%～3%的来苏水擦洗，然后再开紫外灯照射，即可增强杀菌效果，达到灭菌目的。达到灭菌目的的试管培养基冷至50 ℃左右再搁置，以防斜面上冷凝水太多，斜面长度不超过试管总长的一半。

将灭菌的培养基放入37 ℃的温室中培养24～48 h，以检查灭菌是否彻底。

1.7.4.3 实验材料

（1）培养基、牛肉膏蛋白胨平板。

（2）3%～5%石炭酸溶液或2%～3%来苏水溶液。

（3）仪器或其他用具、紫外线灯。

1.7.4.4 实验内容

A 单用紫外线照射

（1）在无菌室内或在接种箱内打开紫外线灯开关，照射30 min，将开关关闭。

（2）将牛肉膏蛋白胨平板盖打开15 min，然后盖上皿盖，置37 ℃培养24 h，共做3套。

（3）检查每个平板上生长的菌落数。如果不超过4个，说明灭菌效果良好；否则，需延长照射时间或同时加强其他措施。

B 化学消毒剂与紫外线照射结合使用

（1）在无菌室内，先喷洒3%～5%的石炭酸溶液，再用紫外线灯照射15 min。

（2）无菌室内的桌面、凳子用2%～3%来苏水擦洗，再打开紫外线灯照射15 min。

（3）检查灭菌效果。

1.7.4.5 注意事项

（1）因紫外线对眼结膜及视神经有损伤作用（结膜炎、白内障），对皮肤有刺激作用（红斑、脱皮），故不能直视紫外线灯光，更不能在紫外线灯光下工作。

（2）确保灭菌环境无人、无动植物，关闭后通风30 min再进入。

1.7.4.6 思考题

（1）细菌营养体和细菌芽孢对紫外线的抵抗力会一样吗，为什么？

（2）你知道紫外线灯管是用什么玻璃制作的，为什么不用普通灯用玻璃？

（3）在紫外灯下观察实验结果时，为什么要隔一块普通玻璃？

1.7.5 微孔滤膜过滤除菌

1.7.5.1 实验目的

（1）了解过滤除菌的原理。

（2）掌握微孔滤膜过滤除菌的方法。

1.7.5.2 基本原理

过滤除菌是通过机械作用滤去液体或气体中细菌的方法。根据不同的需要选用不同的滤器和滤板材料。微孔滤膜过滤器是由上、下两个分别具有出口和入口连接装置的塑料盖盒组成，出口处可连接针头，入口处可连接针筒，使用时将滤膜装入两个塑料盖盒之间，旋紧盖盒；当溶液从针筒注入过滤器时，此过滤器将各种微生物阻留在微孔滤膜上面，从而达到除菌的目的。根据待除菌溶液量的多少，可选用不同大小的过滤器。

此法除菌的最大优点是可以不破坏溶液中各种物质的化学成分，由于滤量有限，所以一般只适用于实验室中小量溶液的过滤除菌，较大量溶液的滤菌装置，参考水的细菌学检查实验。

1.7.5.3 实验材料

（1）培养基：2%的葡萄糖溶液、牛肉膏蛋白胨平板。

（2）仪器或其他用具：注射器、微孔滤膜过滤器、0.22 μm滤膜、无菌试管、镊子、玻璃刮棒。

1.7.5.4 实验内容

（1）组装、灭菌。将0.22 μm孔径的滤膜装入清洗干净的塑料滤器中，旋紧压平，包装灭菌后待用（0.1 MPa、121.5 ℃灭菌20 min）。

（2）连接。将灭菌滤器的入口在无菌条件下，以无菌操作方式连接于装有待滤溶液（2%葡萄糖溶液）的注射器上，将针头与出口处连接并插入带橡皮塞的无菌试管中。

（3）压滤。将注射器中的待滤溶液加压缓缓挤入过滤到无菌试管中，滤毕，将针头拔出。

（4）无菌检查。无菌操作吸取除菌滤液0.1 mL于肉膏蛋白胨平板上，涂布均匀，置37 ℃温室中培养24 h，检查是否有菌生长。

（5）清洗。弃去塑料过滤器上的微孔滤膜，将塑料过滤器清洗干净，并换上一张新的微孔滤膜，组装包扎，再经灭菌后使用。

1.7.5.5　注意事项

（1）压滤时，用力要适当，不可太猛太快，以免细菌被挤压通过滤膜。

（2）整个过程应在无菌条件下严格无菌操作，以防污染。过滤时应避免各连接处出现渗透现象。

（3）过滤结束后，先泄压再拆卸装置，避免滤液倒流污染。

1.7.5.6　思考题

（1）你做的过滤除菌实验效果如何？如果经培养检查有杂菌生长，你认为是什么原因造成的？

（2）过滤除菌应注意哪些问题？

1.8　培养基的配制与灭菌

1.8.1　牛肉膏蛋白胨培养基的制备

1.8.1.1　实验目的

（1）学习制备培养基的基本技术。

（2）制备牛肉膏蛋白琼脂培养基。

（3）掌握微生物分离、接种操作步骤。

1.8.1.2　实验原理

牛肉膏蛋白培养基是一种应用最广泛和最普通的细菌培养基，这种培养基中含有一般细菌生长繁殖所需的最基本的营养物质，可供繁殖之用；制作固体培养基时须加2%琼脂，培养细菌时应用稀酸或稀碱将pH值调至中性或微碱性。牛肉膏蛋白培养基的配方：牛肉膏0.5%、蛋白胨1%、NaCl 0.5%、pH值7.4～7.6。

1.8.1.3　实验材料

（1）试剂：牛肉膏、蛋白胨、NaCl、琼脂、1 mol/L NaOH、1 mol/L HCl。

（2）器材：接种环、试管、三角烧瓶、烧杯、量筒、漏斗、乳胶管、弹簧夹、纱布、棉花、牛皮纸、线绳、pH值试纸、电炉、台秤。

1.8.1.4　实验内容

（1）称量。根据用量按比例依次称取成分，牛肉膏常用玻棒挑取，放在小烧杯或表面皿中称量，用热水溶化后倒入烧杯，蛋白胨易吸湿，称量时要迅速。

（2）溶解。在烧杯中加入少于所需的水量，加热，逐一加入各成分，使其溶解，琼脂在溶液煮沸后加入，融化过程需不断搅拌。加热时应注意火力，勿使培养基烧焦或溢出。溶好后，补足所需水分。

（3）调 pH 值。用 1 mol/L NaOH 或 1 mol/L HCl 把 pH 值调至所需范围。

（4）过滤。趁热用滤纸或多层纱布过滤，以利于某些实验结果的观察，如无特殊要求时可省去此步骤。

（5）分装。按实验要求，可将配制的培养基分装入试管内或三角瓶内。分装时注意，勿使培养基沾染在容器口上，以免沾染棉塞引起污染。

1）液体分装。分装高度以试管高度的 1/4 左右为宜，分装三角瓶的量根据需要而定，一般以不超过三角瓶容积的 1/2 为宜。

2）固体分装。分装试管，其装量不超过管高度的 1/5，灭菌后制成斜面，斜面长度不超过管长的 1/2。分装三角瓶，以不超过容积的 1/2 为宜。

3）半固体分装。装量以试管高度的 1/3 为宜，灭菌后垂直待凝。

（6）加棉塞。分装完毕后，在试管口或三角瓶口塞上棉塞（或泡沫塑料塞及试管帽等），以阻止外界微生物进入培养基而造成污染，并保证有良好的通气性能。

（7）包扎。棉塞头上包一层牛皮纸、扎紧，即可进行灭菌。

（8）保存。灭菌后的培养基放入 37 ℃培养箱中培养 24 h，以检验灭菌的效果，无污染方可使用。

（9）接种和纯化、检查接种工具。在欲接种的培养基试管或平板上贴好标签，标上接种的菌名、操作者、接种日期等。将培养基、接种工具和其他用品全部放在实验台上摆好，进行环境消毒。

（10）试管接种方法：

1）将菌种试管与待接种的试管培养基依次排列，夹于左手的拇指与食指之间，用右手的中指与食指或食指与小指拔出棉塞并夹出。

2）置试管口于酒精火焰附近。

3）将接种工具垂直插入酒精火焰中烧红，再横过火焰 3 次，然后再放入有菌试管壁内，于无菌的培养基表面待其冷却。

4）用接种工具取少许菌种置于另一支试管中，按一定的接种方式把菌种接种到新的培养基上。

5）取出接种工具，试管口和棉塞进行火焰灭菌。

6）重新塞上棉塞。

7）烧死接种工具上残留余菌，把试管和接种工具放回原处。

（11）试管菌种接到平板培养基的方法：

1）左手持平板和试管菌种，右手松动试管棉塞，烧接种工具。

2）右手小指与四指取下棉塞、取菌，打开平皿。

3）将菌种接种到平皿上，立即盖上平皿。

4）在酒精灯火焰上烧接种工具灭菌。

5）棉塞过火，重新塞上试管。

1.8.1.5 注意事项

（1）琼脂溶化过程中，要控制火力并不断搅拌，以免沸腾溢出或琼脂糊底烧焦。

（2）不可用铜或铁锅加热溶化，以免金属离子进入培养基。

（3）调 pH 值以前，先补足水分。

（4）pH 值不要调过，以免回调影响离子浓度。

（5）配好培养基后要贴上标签，写清培养基类型、组别、配制时间。

1.8.1.6 思考题

（1）培养基配制时应注意哪些问题，为什么？

（2）分装培养基时为什么要使用弹簧夹？

（3）培养基配好后，为什么要立即灭菌？

1.8.2 高氏 1 号培养基的制备

1.8.2.1 实验目的

（1）掌握配制合成培养基的一般方法。

（2）理解高压蒸汽灭菌的操作要求和参数。

1.8.2.2 实验原理

高氏 1 号培养基是用来培养和观察放线菌形态特征的合成培养基。如果加入适量的抗菌药物（如各种抗生素、酚等），则可用来分离各种放线菌。此合成培养基的主要特点是含有多种化学成分已知的无机盐，这些无机盐可能相互作用而产生沉淀，如高氏 1 号培养基中的磷酸盐和镁盐相互混合时易产生沉淀。因此，在混合培养基成分时，一般是按配方的顺序依次溶解各成分，甚至有时还需要将两种或多种成分分别灭菌，使用时再按比例混合。

此外，合成培养基还要补加微量元素，如高氏 1 号培养基中 $FeSO_4 \cdot 7H_2O$ 的量只有 0.001%，因此在配制培养基时需预先配成高浓度的 $FeSO_4 \cdot 7H_2O$ 储备液，然后再按需加入一定的量到培养基中。

1.8.2.3 实验材料

（1）试剂：可溶性淀粉、KNO_3、NaCl、$K_2HPO_4 \cdot 3H_2O$、$MgSO_4 \cdot 7H_2O$、$FeSO_4 \cdot 7H_2O$、琼脂、1 mol/L NaOH、1 mol/L HCl。

（2）器材：试管、三角烧瓶、烧杯、量筒、玻棒、培养基分装器、天平、牛角匙、高压蒸汽灭菌锅、pH 值试纸（pH 值 5.5 ~ 9.0）、棉花、牛皮纸、记号笔、麻绳或橡皮筋、纱布等。

1.8.2.4 实验内容

（1）称量和溶化。按配方先称取可溶性淀粉放入小烧杯中，并用少量冷水将淀粉调成糊状，再加入少于所需水量的沸水中，继续加热，使可溶性淀粉完全溶化。然后再称取其他各成分依次逐一溶化。对微量成分 $FeSO_4 \cdot 7H_2O$ 可先配成高浓度的储备液按比例换算后再加入，方法是：先在 100 mL 水中加入 1 g 的 $FeSO_4 \cdot 7H_2O$ 配成0.01 g/mL，再在1000 mL 培养基中加1 mL 的0.01 g/mL 储备液即可。待所有药品完全溶解后，补充水分到所需的总体积。

（2）pH 值调节。在未调 pH 值前，先用精密 pH 值试纸测量培养基的原始 pH 值。如果偏酸，用滴管向培养基中逐滴加入 1 mol/L NaOH，边加边搅拌，并随时用 pH 值试纸测其 pH 值，直至 pH 值达 7.6；反之，用 1 mol/L HCl 进行调节。

对于有些要求 pH 值较精确的微生物，其 pH 值的调节可用酸度计进行。

（3）分装。按实验要求，可将配制的培养基分装入试管内或三角烧瓶内。

1）液体分装。分装高度以试管高度的 1/4 左右为宜，分装三角瓶的量则根据需要而定，一般以不超过三角瓶容积的 1/2 为宜。

2）固体分装。分装试管，其装量不超过管高的 1/5，灭菌后制成斜面，斜面长度不超过管长的 1/2。分装三角瓶，以不超过容积的 1/2 为宜。

3）半固体分装。装量以试管高度的 1/3 为宜，灭菌后垂直待凝。

（4）加塞。培养基分装完毕后，在试管口或三角烧瓶口上塞上棉塞，以阻止外界微生物进入培养基内而造成污染，并保证有良好的通气性能。

（5）包扎。加塞后，将全部试管用麻绳捆好，再在棉塞外包一层牛皮纸，以防止灭菌时冷凝水润湿棉塞，其外再用一道麻绳扎好，用记号笔注明培养基名称、组别、配制日期。三角烧瓶加塞后，外包牛皮纸，用麻绳以活结形式扎好，使用时容易解开，同样用记号笔注明培养基名称、组别、配制日期。

（6）灭菌。将上述培养基以 0.103 MPa、121 ℃、20 min 高压蒸汽灭菌。

（7）无菌检查。将灭菌培养基放入 37 ℃的温室中培养 24 ~ 48 h，以检查灭菌是否彻底。

1.8.2.5 注意事项

（1）确保使用的药品纯度和质量，称量要准确，以免影响培养基的成分和性能。

（2）加热溶解淀粉时要不断搅拌，防止糊底，保证淀粉充分溶解，否则会影响培养基的质量。

（3）准确调节 pH 值，因为 pH 值对放线菌的生长影响较大，过高或过低都可能抑制其生长。

(4) 分装时注意不要让培养基沾到管口或瓶口，以免污染。

(5) 严格按照高压蒸汽灭菌的操作要求和参数进行灭菌，确保灭菌效果，同时防止培养基过度灭菌而破坏营养成分。

(6) 摆斜面或倒平板等操作要在无菌环境下进行，防止杂菌污染培养基。

1.8.2.6 思考题

(1) 配制合成培养基加入微量元素时最好用什么方法加入，天然培养基为什么不需要另加微量元素?

(2) 有人认为自然环境中微生物是生长在不按比例的基质中，为什么在配制培养基时要注意各种营养成分的比例?

(3) 你配制的高氏1号培养基有沉淀产生吗? 说明产生或未产生的原因。

(4) 细菌能在高氏1号培养基上生长吗? 为了分离放线菌，你认为应该采取什么措施?

1.8.3 伊红-亚甲蓝培养基的制备

1.8.3.1 实验目的

(1) 掌握伊红-亚甲蓝培养基的制备过程。

(2) 掌握配制合成培养基的一般方法。

1.8.3.2 实验原理

伊红-亚甲蓝培养基，一般用于检测大肠杆菌。

伊红为酸性染料，美蓝为碱性染料，二者在培养基中具有双重作用。一方面，当细菌发酵乳糖产酸使培养基pH值下降到一定程度时，伊红与美蓝会结合形成黑色复合物，使分解乳糖产酸的细菌菌落呈现出紫黑色，并有金属光泽，便于鉴别；另一方面，这两种染料对革兰氏阳性菌有抑制作用，可使革兰氏阴性菌尤其是肠道菌更好地生长，从而起到选择培养的作用。

当大肠杆菌分解乳糖产酸时细菌带正电荷被染成红色，再与美蓝结合形成紫黑色菌落，并带有绿色金属光泽，而产气杆菌则形成呈棕色的大菌落。

紫黑色菌落蛋白胨提供氮源，维生素和氨基酸等营养物质；乳糖是大肠菌群可发酵的糖类，作为碳源；磷酸氢二钾是缓冲剂，维持培养基的pH值稳定；琼脂是培养基凝固剂；伊红和美蓝是抑菌剂和pH值指示剂，可抑制革兰氏阳性菌(G^+菌)，在酸性条件下产生沉淀，形成或具有黑色中心的外围无色透明的菌落。

1.8.3.3 实验材料

蛋白胨10 g，乳糖10 g，磷酸氢二钾2 g，琼脂15 g，蒸馏水1000 mL，2%伊红水溶液20 mL，0.5%美蓝水溶液13 mL。

1.8.3.4 实验内容

(1) 先将琼脂加至900 mL蒸馏水，加热溶解。

（2）加入磷酸氢二钾及蛋白胨，混匀使之溶解，再以蒸馏水补足至1000 mL，调整pH值为7.2～7.4。

（3）趁热用脱脂棉或绒布过滤，再加入乳糖，混匀后定量分装于烧瓶内，置高压蒸汽灭菌器内以115 ℃灭菌20 min，储存于冷暗处备用。

（4）将蛋白胨、磷酸盐和琼脂溶解于蒸馏水中。

（5）校正pH值，分装于烧瓶内，高压灭菌15 min备用。

（6）临用时加入乳糖并加热溶化琼脂，冷至50～55 ℃。

（7）加入伊红和美蓝溶液、摇匀，倾注平板。

1.8.3.5　注意事项

（1）确保使用的药品纯度和质量，称量要准确，以免影响培养基的成分和性能。

（2）加热溶解过程中要不断搅拌，防止琼脂糊底和蛋白胨等成分结块，保证各成分充分溶解均匀。

（3）准确调节pH值：因为pH值直接影响染料的显色反应和细菌的生长，进而影响鉴别效果。

（4）整个制作过程要严格遵循无菌操作原则，防止杂菌污染，从培养基的分装到平板的制作，都应在无菌环境中进行。

（5）染料添加：伊红和美蓝的浓度和添加量要准确，浓度过高或过低都会影响菌落的显色效果，不利于细菌的鉴别。

1.8.3.6　思考题

（1）伊红-亚甲蓝培养基中，伊红和美蓝的作用除了鉴别还有其他方面吗？

（2）如果在伊红-亚甲蓝培养基上出现了非典型的大肠杆菌菌落颜色，可能的原因有哪些？

（3）如何通过伊红-亚甲蓝培养基区分大肠杆菌和其他肠道杆菌？

（4）在制作伊红-亚甲蓝培养基时，若灭菌时间过长或温度过高，会对培养基产生什么影响？

（5）伊红-亚甲蓝培养基在实际应用中有哪些局限性？

1.8.4　LB（*Luria-Bertani*）培养基的制备

1.8.4.1　实验目的

（1）掌握*Luria-Bertani*培养基的制备过程。

（2）掌握配制合成培养基的一般方法。

1.8.4.2　实验原理

LB一般被解释为*Luria-Bertani*，根据其发明人贝尔塔尼（Giuseppe Bertani）的说法，这个名字来源于英语*lysogeny broth*，即溶菌肉汤。LB培养基是近年来用于培养基因工程受体菌（大肠杆菌）的常用培养基之一。

LB 培养基是一种应用最广泛和最普通的细菌基础培养基，有时又称普通培养基，含有酵母提取物、胰化蛋白胨和 NaCl。

（1）酵母提取物：酵母经破壁后将其中的蛋白质、核酸、维生素等抽提，再经生物酶解为富含小分子的氨基酸、肽、核苷酸、维生素等天然活性成分的淡黄色粉末，其中氨基酸含量在 30% 以上、总蛋白在 50% 以上、核苷酸在 10% 以上，广泛用作生物培养基和食品调味品制造原料。

（2）胰化蛋白胨：一种优质蛋白胨，是以新鲜牛肉和牛骨经胰酶消化，浓缩干燥而成的白色粉末，含有丰富的氮源、氨基酸等。

酵母提取物为微生物提供碳源、能量、磷酸盐、生长因子、维生素等；蛋白胨主要提供氮源；NaCl 主要提供微生物生长环境（如渗透压），其次是提供无机盐。

1.8.4.3　实验材料

（1）LB 培养基配方（每升）：酵母提取物 5 g、胰化蛋白胨 10 g、氯化钠 10 g、NaOH 调 pH 值至 7.0、121 ℃、20 min 高压灭菌。

（2）LB 固体培养基：LB 培养基 1 L、琼脂粉 15 g、NaOH 调 pH 值至 7.0、121 ℃、20 min 高压灭菌；有时需在培养基中添加抗生素，琼脂凝固点为 40 ℃，所以添加抗生素最好保存在 50 ~ 55 ℃。

1.8.4.4　实验内容

（1）LB 培养基配制方法：配制每升培养基，应该在 950 mL 去液态培养基离子水中加入胰化蛋白胨 10 g、酵母提取物 5 g、NaCl 10 g，摇动容器直至溶质溶解。

（2）用 5 mol/L NaOH 调 pH 值至 7.0，用去离子水定容至 1 L，在 103.4 kPa（121 ℃）下蒸汽灭菌 20 min。

（3）配制 1L LB 固体培养基，需加入 15 g 琼脂粉。先将琼脂粉加入到 LB 液体培养基中，高压灭菌后，待培养基温度降至 55 ℃左右时加入抗生素，充分摇匀后再进行倒板。

（4）抗生素的加入：高压灭菌后，将融化的 LB 固体培养基置于 55 ℃的水浴中，待培养基温度降到 55 ℃时（手可触摸）时，在无菌环境（如超净工作台）中加入抗生素，以免温度过高导致抗生素失效，并充分摇匀。

（5）在超净工作台内，将培养基倒入无菌培养皿中，一般每皿倒入 15 ~ 20 mL 培养基。倒完后，轻轻晃动培养皿，使培养基均匀分布，待其凝固，无须进行紫外照射。

（6）保存：用封口胶封边，并倒置放于 4 ℃保存，一个月内使用。

1.8.4.5 注意事项

(1) 确保使用的药品纯度和质量，称量要准确，以免影响培养基的成分和性能。

(2) 加热溶解时要保证各成分完全溶解，尤其是琼脂，若有未溶解的颗粒，会影响平板的质量和微生物的生长。

(3) 精确调节 pH 值：pH 值的偏差可能会影响微生物的生长和代谢，甚至导致某些细菌无法生长。

(4) 从培养基的分装到平板的制作，整个过程都要在无菌条件下进行，防止外界杂菌进入培养基，干扰实验结果。

1.8.4.6 思考题

(1) LB 培养基中各成分的作用是什么，能否替换成其他物质？

(2) 为什么要调节 LB 培养基的 pH 值，不同细菌对 pH 值的要求有何不同？

(3) 在灭菌过程中，为什么要选择 121 ℃、103.4 kPa 的条件，改变这些条件会有什么后果？

(4) 如果 LB 培养基被污染了，可能有哪些原因，如何避免污染？

(5) LB 培养基适合培养所有类型的微生物吗？

1.8.5 西蒙氏柠檬酸盐培养基的制备

1.8.5.1 实验目的

(1) 掌握西蒙氏柠檬酸盐培养基的制备过程。

(2) 掌握配制合成培养基的一般方法。

1.8.5.2 实验原理

氯化钠维持均衡的渗透压；镁离子是各种代谢中的辅因子；磷酸二氢铵提供氮源；磷酸氢二钾是缓冲剂；柠檬酸钠作为碳源；琼脂是培养基的凝固剂；溴麝香草酚蓝为 pH 值指示剂，酸性呈黄色，碱性呈蓝色。

当细菌可以利用铵盐作为唯一的氮源，同时利用柠檬酸盐作为唯一的碳源时，可在柠檬酸盐培养基上生长，分解柠檬酸钠，生成碳酸钠，使培养基产生碱变为蓝色。

1.8.5.3 实验材料

氯化钠 5.0 g、硫酸镁（$MgSO_4 \cdot 7H_2O$）0.2 g、磷酸二氢铵 1.0 g、磷酸氢二钾 1.0 g、柠檬酸钠 5.0 g、琼脂 20 g、0.2% 溴麝香草酚蓝溶液 40 mL、蒸馏水 1000 mL。

1.8.5.4 实验内容

(1) 将盐类溶解于水内，调至 pH 值为 6.8（±0.2），加入琼脂，加热溶化。

（2）加入指示剂，混合均匀后分装试管，121 ℃灭菌 15 min。

（3）制成斜面备用。

（4）挑取少量琼脂培养物接种，于 36 ℃培养 4 d，每天观察结果。

（5）阳性者斜面上有菌落生长，培养基从绿色转为蓝色。

1.8.5.5 注意事项

（1）确保使用的药品纯度和质量，称量要准确，以免影响培养基的成分和性能。

（2）精确调节 pH 值：因为 pH 值的微小变化可能影响指示剂的显色反应，从而影响实验结果的准确性。

（3）严格控制灭菌温度和时间，防止过度灭菌导致培养基成分破坏或 pH 值改变。

（4）摆斜面时要注意角度和高度，使斜面长度适中，利于细菌生长和观察。

1.8.5.6 思考题

（1）为何培养基中需以柠檬酸盐为唯一碳源，若混入葡萄糖会如何？

（2）溴麝香草酚蓝的显色机制与酚红指示剂的显色机制有何区别？

（3）西蒙氏试验在肠杆菌科鉴定中的作用是什么，试列举 2 种阳性菌和 2 种阴性菌。

（4）若培养基配制时误加入硝酸铵代替硫酸铵，对结果有何影响？

1.9 常用菌种的保藏方法

1.9.1 实验目的

（1）理解菌种保藏的基本原理。

（2）掌握几种常用简便的菌种保藏方法。

1.9.2 实验原理

微生物菌种是重要的自然资源，菌种保藏工作是一项重要的微生物学基础工作。它的任务是将从自然界分离到的野生型菌株或经人工选育的纯种妥善保藏，使之不死、不衰、不乱，并保持菌种原有的各种优良培养特征和生理活性。

微生物菌种保藏的基本原理是使微生物的生命活动处于半永久性的休眠状态，也就是使微生物的新陈代谢作用限制在最低的范围内。干燥、低温和隔绝空气是保证获得这种状态的主要措施，有针对性地创造干燥、低温和隔绝空气的外界条件是微生物菌种保藏的基本技术。

1.9.3 实验材料

（1）培养基：肉汤蛋白胨斜面、高氏 1 号培养基斜面、麦芽汁培养基斜面、马铃薯培养基斜面。

（2）试剂：10% HCl、2% HCl、牛奶、无水氯化钙、石蜡油、五氧化二磷。

（3）器材：离心机、冷冻真空装置、高频电火花器、液氮冰箱、控速冷冻机、安瓿管、5 mL 无菌吸管、小三角瓶、1 mL 无菌吸管、250 mL 三角瓶等、灭菌锅、真空泵、干燥器、无菌水、筛子［40 目（0.42 mm）、120 目（0.125 mm）］、标签、接种针、接种环、棉花、角匙等。

1.9.4 实验内容（细菌的保藏）

1.9.4.1 斜面保藏

（1）贴标签。取无菌的肉膏蛋白胨斜面数支，在斜面的正上方距离试管口 2～3 cm 处贴上标签。在标签纸上写明接种的细菌菌名、培养基名称和接种日期。

（2）斜面接种：将待保藏的细菌用接种环用无菌操作在斜面接种。

（3）培养置 37 ℃恒温箱中培养 48 h。

（4）保藏斜面长好后，直接放入 4 ℃的冰箱中保藏，这种方法可保藏三个月至半年。

1.9.4.2 沙管保存法

沙管保存法适宜保存产生芽孢的细菌，对于保存营养细胞效果不好。

（1）取干净河沙用 24 目（0.8 mm）筛子过筛。

（2）将过筛河沙放入大烧杯内，用 10% 盐酸浸泡 24 h 后倒去盐酸，用清水和蒸馏水洗至中性、烘干。

（3）分装在安瓿管中，装入高达 1 cm 左右，塞好棉塞，0.1 MPa 灭菌 40 min，取出烘干。

（4）随机抽查无菌情况，将抽出的河沙管倒入肉汤培养基中，37 ℃培养 48 h，检查有无杂菌；若有杂菌则需重新灭菌，再做无菌检查，若无杂菌即可备用。

（5）将新鲜健壮的斜面菌种以常法制成均匀的菌悬液。

（6）用无菌吸管将菌悬液滴入河沙管中，每管 10～15 滴，以使湿润为宜，并用接种针将河沙和菌液搅拌均匀。

（7）将安瓿瓶放在真空干燥管器内，用真空泵抽干水分。

（8）从已制好的河沙管中抽出一管，取少量沙粒接种于斜面培养基上，观察生长情况和菌落数的多少；如果生长正常可用火焰熔封管口，或用液体石蜡密封。

(9) 将河沙管放入小干燥器内置于冰箱保存。

1.9.4.3 放线菌的保存

(1) 斜面法：用高氏1号琼脂斜面，其方法与细菌保存法相同，每三个月移植一次。

(2) 沙管保存法：方法步骤与细菌河沙管保存法相同，此法只适于产孢子丰富的放线菌。

(3) 麦粒保存法：将优质麦粒浸泡18～24 h后分装于小三角瓶中，包扎后置于0.1 MPa灭菌40 min。将温度降至30 ℃左右时接种放线菌孢子，适温培养后减压干燥、密封，放置在干燥器中，4 ℃低温保存。

1.9.4.4 琼脂水法

(1) 在蒸馏水中加入0.125%优质琼脂，0.1 MPa灭菌30 min。

(2) 将待保存的放线菌移接在高氏1号斜面培养基上，培养2周后取5～6 mL灭菌琼脂水加入斜面，制成孢子悬液。

(3) 无菌移入带塞的小瓶中密封，于低温下可保存3年左右。

1.9.4.5 酵母菌的保存

(1) 斜面法：采用麦芽汁琼脂斜面，操作方法与细菌保存中的斜面法相同。

(2) 矿油封藏法：基本操作方法与细菌保存中的矿油封藏法相同。

1.9.4.6 冷冻干燥保藏法

(1) 准备安瓿管：用于冷冻干燥菌种保藏的安瓿管宜采用中性玻璃制造，形状可用长颈球形底的，也称泪滴型安瓿管；大小要求外径6～7.5 mm，长105 mm，球部直径9～11 mm，壁厚0.6～1.2 mm，也可用没有球部的管状安瓿管。塞好棉塞，121.3 ℃灭菌30 min，备用。

(2) 准备菌种：用冷冻干燥法保藏的菌种，其保藏期可达数年至十数年。为了在许多年后不出差错，故所用菌种要特别注意其纯度，不能有杂菌污染，然后在最适培养基中用最适温度培养，使培养出良好的培养物。细菌和酵母的菌龄要求超过对数生长期，若用对数生长期的菌种进行保藏，其存活率反而降低。一般细菌要求24～48 h的培养物，酵母需培养3 d，形成孢子的微生物则宜保存孢子，放线菌与丝状真菌则培养7～10 d。

(3) 制备菌悬液与分装：以细菌斜面为例，用脱脂牛乳2 mL左右加入斜面试管中，制成浓菌液，每支安瓿管分装0.2 mL。

(4) 冷冻干燥器：有成套的装置出售，价值昂贵，此处介绍的是简易方法与装置，可达到同样的目的。将分装好的安瓿管放低温冰箱中冷冻，无低温冰箱可用冷冻剂如干冰、酒精液或干冰丙酮液，温度可达－70 ℃。将安瓿管插入冷冻剂，只需冷冻4～5 min，即可使悬液结冰。

(5) 真空干燥：为在真空干燥时使样品保持冻结状态，需准备冷冻槽，槽内放碎冰块与食盐，混合均匀，可冷至 -15 ℃。装置仪器：安瓿管放入冷冻槽中的干燥瓶内。抽气一般若在 30 min 内能达到 93.3 Pa 真空度时，则干燥物不致熔化，以后再继续抽气，几小时内，肉眼可观察到被干燥物已趋干燥，一般抽到真空度 26.7 Pa，保持压力 6 ~ 8 h 即可。

（6）封口抽真空干燥后，取出安瓿管，接在封口用的玻璃管上，可用 L 形五通管继续抽气，约 10 min 即可达到 26.7 Pa。于真空状态下，以煤气喷灯的细火焰在安瓿管颈中央进行封口。封口以后，保存于冰箱或室温暗处。

1.9.4.7 液氮超低温保藏法

（1）保护剂。液氮保藏一般都要添加保护剂，如甘油、二甲基亚砜、蔗糖和吐温 80 等。

（2）制备安瓿管。在容积为 1.2 mL、外径为 1.2 cm 的安瓿管中，加入 10% 甘油或 10% 二甲基亚砜 0.8 mL，加棉塞在 0.1 MPa 高压灭菌 30 min 后，把安瓿管编号备用。

（3）熔封。将待保藏的菌种悬液一滴，或把生长菌种的琼脂块（用直径 6 mm 的打孔器打孔）加到灭菌安瓿管的保护剂中（注意：要无菌操作），然后去掉棉塞，火焰熔封。

（4）预冻和保藏。把熔封的安瓿管进行慢速冷冻，以每分钟下降 1 ℃ 的速度直至 -35 ℃，最好移到液氮中保藏。液氮冰箱内气箱温度为 -150 ℃，液氮内为 -196 ℃。若把安瓿管只保藏在液氮冰箱的气箱里，则可以不用去掉棉塞，也不必熔封安瓿管口。

（5）复原。当保藏的菌种需要恢复培养时，可采用急速解冻的方法。把安瓿管从液氮中取出，立即置于 38 ~ 40 ℃ 的水浴中摇动，直到管内的结冰完全融化为止。以无菌操作手动开启安瓿管，最后把菌种移到要求的培养基中，置于室温下培养。

1.9.5 注意事项

（1）安瓿管内，使用时液氮就会从安瓿管内逸出。由于外面的温度高，液氮就会急速气化、膨胀而发生爆炸，所以，在安瓿管恢复培养时应采取一些相应的措施，如在水下融解（水层可以阻挡碎玻璃片四散）、操作人员应带皮手套和面罩等。

（2）处理液氮时应仔细操作，因为液氮与皮肤接触极易被“冷烧”，损伤皮肤。由于液氮本身无色无臭，在较小的房间里操作应注意窒息，液氮容器应放置在通风良好的地方。

（3）在保藏过程中，取出安瓿管及其盛放的容器在液氮冰箱内排列很紧，容器又被水层覆盖，标记不易看清楚。另外，为了防止安瓿管的升温，取出安瓿管至放回的时间一般不能超过 1 min。

1.9.6 思考题

简述冷冻干燥保藏微生物和液氮超低温保藏微生物方法的利弊。

2 微生物的纯化培养、染色与结构观察

2.1 细菌纯种分离、纯化和接种技术

2.1.1 实验目的

（1）掌握倒平板的方法。

（2）了解几种常用的分离纯化微生物的基本操作技术。

（3）掌握细菌、放线菌、真菌稀释分离、划线分离技术。

2.1.2 实验原理

从混杂的微生物群体中获得只含有某一种或某一株微生物的过程称为微生物的分离与纯化。为了获得某种微生物的纯培养，一般是根据该微生物对营养、酸碱度、氧等条件要求不同，供给它适宜的培养条件，或加入某种抑制剂造成只利于此菌生长，抑制其他菌生长的环境，从而淘汰其他一些不需要的微生物，再用稀释涂布平板法或稀释混合平板法或平板划线分离法等分离、纯化该微生物，直至得到纯菌株。土壤是微生物生活的大本营，在这里生活的微生物无论是数量和种类都是极其多样的，因此，土壤是我们开发利用微生物资源的重要基地，可以从其中分离、纯化到许多有用的菌株。

要想获得某种微生物的纯培养，还需提供有利于该微生物生长繁殖的最适培养基及培养条件。

2.1.3 实验材料

（1）土样：采集校园土壤。

（2）培养基：肉膏蛋白胨培养基—细菌、高氏 1 号培养基—放线菌、马丁氏培养基—真菌。

（3）试剂：10% 酚溶液、链霉曲素。

（4）器材：无菌的培养皿、盛 90 mL 无菌水并带玻璃珠的三角瓶、盛 90 mL 无菌水的试管、无菌移液管、无菌玻璃涂棒等。

2.1.4 实验内容

2.1.4.1 稀释涂布平板法

A 倒平板

将肉膏蛋白胨培养基、高氏1号培养基、马丁氏培养基加热溶化，待冷却至55~60 ℃时，高氏1号培养基中加入10%酚数滴，马丁氏培养基中加入链霉曲素溶液（终浓度为30 μg/mL），混合均匀后分别倒平板，每种培养基倒三皿。

倒平板的方法：右手持盛培养基的试管或三角瓶置火焰旁边，用左手将试管塞或瓶塞轻轻地拔出，试管或瓶口保持对着火焰；然后，用右手手撑边缘或小指与无名指夹住管（瓶）塞。左手拿培养皿并将皿盖在火焰附加打开一缝，迅速倒入培养基15~20 mL，加盖后轻轻摇动培养皿，使培养基均匀分布在培养皿底部，然后平置于桌面上，待凝后即为平板。

B 制备土壤稀释液

（1）制备土壤悬液：称土样0.5 g，迅速倒入带玻璃珠的无菌水瓶中（玻璃珠用量以充满瓶底为最好），振荡5~10 min，使土样充分打散，即成为10^{-2}的土壤悬液。

（2）稀释：用无菌移液管10^{-2}移取土壤悬液0.5 mL，放入4.5 mL无菌水中即为10^{-3}稀释液，如此重复，可依次制成10^{-3}~10^{-7}稀释液，如图2-1所示。

注意：操作时管尖不能接触液面，每一个稀释度换用一支移液管；每次吸入土液后，要将移液管插入液面，吹吸3次，每次吸上的液面要高于前一次，以减少稀释中的误差。

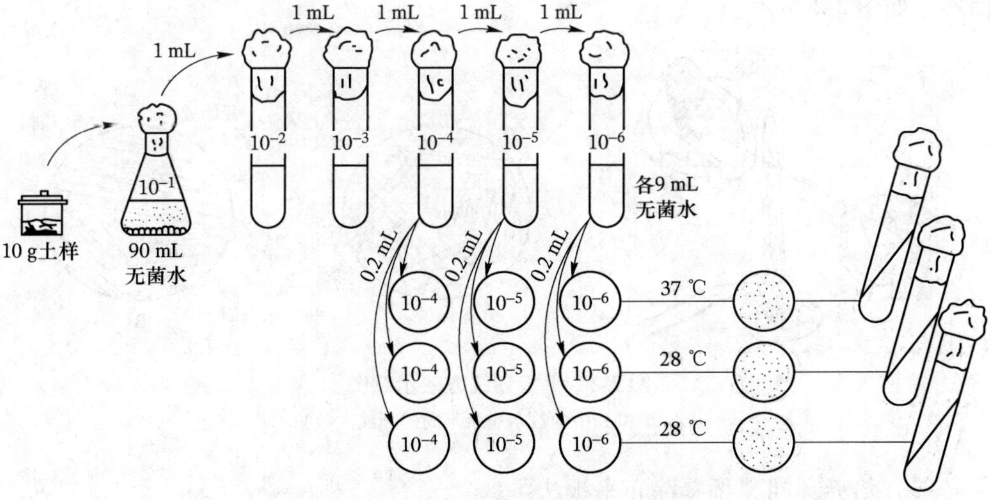

图2-1 稀释分离土壤微生物操作过程图解

C　涂布

将上述每种培养基的三个平板底面分别标记 10^{-4}、10^{-5} 和 10^{-6} 三种稀释度，然后用无菌吸管分别从三管土壤稀释液中各吸取 0.1 mL 对号放入已标好的平板中，用无菌玻璃涂棒，在培养基表面轻轻地涂布均匀，室温下静置 5 ~ 10 min，使菌液吸附进培养基。

平板涂布方法：将 0.1 mL 菌悬液小心地滴在平板培养基表面中央位置，右手拿无菌涂棒将其涂在平板培养基表面上，将菌悬液先沿一条直线轻轻地来回推动，使之分布均匀，然后改变方向沿另一垂直线来回推动，平板内边缘处可改变方向用涂棒再涂布几次。

D　培养

将高氏 1 号培养基平板和马丁氏培养基平板倒置于 28 ℃温室中培养 3 ~ 5 h，肉膏蛋白胨平板倒置于 37 ℃温室中培养 2 ~ 3 h。

E　挑菌落

将培养后长出的单个菌落分别挑取少许细胞接种到上述三种培养基的斜面上，分别置于 28 ℃和 37 ℃温室培养，同时将细胞涂片染色后用显微镜检查是否为单一微生物。若发现有杂菌，需再一次进行分离、纯化，直到获得纯培养。

2.1.4.2　平板划线分离法

(1) 倒平板：按稀释涂布平板法倒平板。

(2) 划线分离：使用接种环，从待纯化的菌落或待分离的斜面菌种中蘸取少量菌样，在相应的培养基平板中划线分离，划线的方法多样，目的是获得单个菌落，如图 2-2 所示。

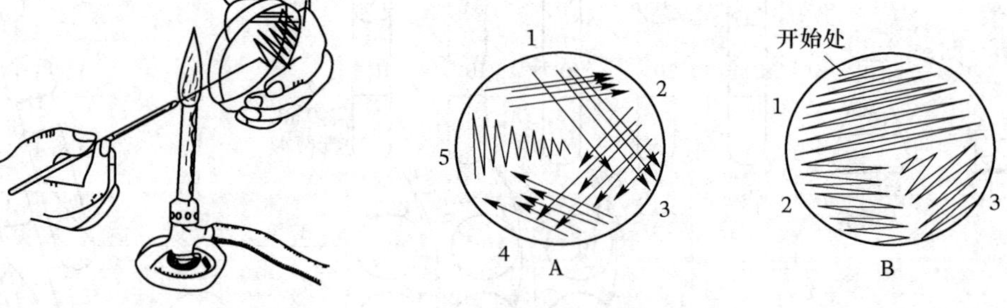

图 2-2　平板划线方法示意图

（图 A 和 B 中的数字表示不同的划线次数）

(3) 培养：同“稀释涂布平板法”。

(4) 挑菌落：同“稀释涂布平板法”，一直到分离的微生物为纯化为止。

2.1.5 注意事项

（1）一般土壤中，细菌最多、放线菌及霉菌次之；酵母菌主要见于果园及菜园土壤中，故从土壤中分离细菌时，要取较高的稀释度，否则菌落连成一片不能计数。

（2）在土壤稀释分离操作中，每稀释10倍，最好更换一次移液管，使计数准确。

（3）放线菌的培养时间较长，故制备平板的培养基用量可适当增多。

2.1.6 思考题

（1）稀释分离时，为什么要将已融化的琼脂培养基冷却到55～60 ℃才能倾入到装有菌液的培养皿内？

（2）划线时，为何不能重叠？

（3）在恒温箱中培养微生物时为何培养皿均需倒置？

（4）分离某类微生物时培养皿中出现其他类微生物，请说明原因。应该如何进一步分离和纯化，经过一次分离的菌种是否皆为纯种？若不纯，应采用哪种分离方法最合适？

2.2 纯培养菌种的菌体、菌落形态观察

2.2.1 实验目的

（1）了解细菌、放线菌、酵母菌和霉菌的菌落形态。

（2）掌握四大微生物菌落的一般特征。

2.2.2 实验原理

在光学显微镜下常见的微生物主要有细菌、放线菌、酵母菌和霉菌等。

识别这些微生物的方法有很多，最简单的方法是直接观察它们各自的菌落特征，这对菌种的筛选、鉴定等工作十分重要。

菌落是某一微生物的一个或少数几个细胞在（包括）固体培养基上生长繁殖后形成的子细胞集团。菌落的外观形态和特征是细胞形态和特征在宏观上的反映，两者紧密相连。通过平板划线、涂布、稀释等让细菌、放线菌、酵母菌和霉菌在相应的平板上获得各自菌落，菌落的形态特征可用肉眼观察。

由于以上四种微生物的细胞形态不同，因而其菌落的形态特征也不相同，从而为识别四类微生物提供了依据。在四类微生物中，细菌和酵母菌的形态比较接

近，而放线菌和霉菌的形态比较接近。

微生物菌落的形态主要用菌落大小、形状、湿润程度、边缘情况、正反面颜色、中央和边缘颜色、质地粗糙度、紧密程度、厚度、透明度和气味等进行描述。

2.2.3 实验材料

2.2.3.1 试剂

培养基：牛肉膏蛋白胨培养基（细菌）、麦芽汁培养基（酵母菌）、高氏1号培养基（放线菌）、查氏培养基（霉菌）。

其他：无菌水。

2.2.3.2 器材

菌种：细菌（如大肠杆菌、变形杆菌）、酵母菌（如酿酒酵母、假丝酵母）、放线菌（如链霉菌）、霉菌（如青霉、曲霉）的纯培养平板、光学显微镜、放大镜/解剖镜、接种环、镊子、无菌滴管、培养皿、直尺、记号笔。

2.2.4 实验内容

2.2.4.1 细菌和酵母菌菌落形态的对比观察

A 相似之处

细菌和多数酵母菌都是单细胞生物，菌落内各个细胞之间充满毛细管水、某些代谢物和养料等。因此，细菌和酵母菌呈现相似的菌落，如菌落湿润、光滑、较透明、质地均匀，易挑起，菌落正反面、中央和边缘的颜色一致等。

B 不同之处

a 细菌

细菌因细胞较小，所以菌落一般也较小，且较薄、透明并较“细腻”。不同的细菌常产生不同的色素，从而形成不同颜色的菌落。有的细菌具有特殊结构，呈现特有的菌落特征。例如，有鞭毛的细菌常常形成大而扁平、边缘不圆整的菌落；一些运动能力较强的细菌如变形杆菌（*Proteusspp*），这一特征更加明显；有的细菌甚至会出现菌落迁移现象。一般无鞭毛细菌的菌落会形成较小的、隆起、边缘完整光滑的菌落，具有荚膜的细菌菌落会形成光滑、黏稠、透明、呈鼻浆糊状的大型菌落。有芽孢菌的菌落因芽孢与菌体有不同的折射率而呈现透明度差、表面粗糙、干燥、不平整等特点，有时还有沟槽状外观。另外，很多细菌在生长过程中，会产生很多有机酸或蛋白质分解产物，使菌落散发出一股腐败的臭味。

b 酵母菌

酵母菌单个细胞比细菌的大（直径大5~10倍），且无运动能力，其繁殖速度较快，一般形成较大、较厚、较透明的圆形菌落。酵母菌一般不产生色素，只有少数种类产生红色素，个别黑色素。假丝酵母菌属的种类因形成藕节状的假菌丝，使菌落边缘快速向外蔓延，形成较扁平和边缘较不平整的菌落。此外，酵母菌经常生长于含糖量较高的有机养料上，并产生乙醇等代谢物，因而其菌落常常带有酒香味。

2.2.4.2 放线菌和霉菌菌落形态的对比观察

A 相似之处

放线菌和霉菌的细胞均呈丝生长，在固体培养基上生长时，会分化出基内菌丝和气生菌丝。气生菌丝伸向空中，菌丝间相互分离，且无毛细管水形成，因此产生的菌落干燥、不透明，呈现丝状、绒毛状或毡状。基内菌丝伸向培养基内，不易挑取。由于气生菌丝、子实体、孢子和基内菌丝构造、颜色和发育阶段不同，因此菌落的正反面、边缘和中央呈现不同颜色和构造。一般情况下，菌落中心菌龄较大，可较早分化出子实体和孢子，颜色较深。此外，放线菌和霉菌的基内菌丝分泌的水溶性色素或气生菌丝或孢子颜色不同，因而使培养基或菌落呈现不同的颜色。

B 不同之处

a 放线菌

放线菌为原核生物，菌丝纤细，生长缓慢，在基内菌丝上生成大量气生菌丝，气生菌丝分化出孢子丝，其上形成色泽丰富的分生孢子。由此造成放线菌菌落形态较小，菌丝细小而致密，表面呈粉状，色彩较丰富，不易挑起，菌落边缘的培养基出现凹陷等特征。某些放线菌的基内菌丝因分泌水溶性色素而使培养基染上相应颜色。很多放线菌会产生利于菌体间识别的土腥素，从而使菌落带有特殊的土腥味或冰片气味。

b 霉菌

霉菌是真核生物，其菌丝直径比放线菌大数倍至十几倍，长度比放线菌大几十倍，且生长速度快。因此，霉菌形成的菌落比放线菌的菌落大，且菌落质地比放线菌致密或疏松。霉菌的气生菌丝随生理年龄的增长会形成一定形状、结构和颜色的籽实器官，所以其菌落表面形成肉眼可见的结构。

四大微生物的识别要点见表 2-1。

表 2-1 实验结果记录

<table>
<tr><th>菌 落</th><th colspan="2">特 征</th><th>相 同 点</th></tr>
<tr><td rowspan="2">细菌菌落</td><td>小而扁平</td><td rowspan="2">小</td><td rowspan="4">湿润、正反面颜色一致、中央与边缘颜色一致</td></tr>
<tr><td>小而隆起</td></tr>
<tr><td rowspan="2">酵母菌菌落</td><td>大而扁平</td><td rowspan="2">大</td></tr>
<tr><td>大而隆起</td></tr>
</table>

续表 2-1

菌 落	特 征		相 同 点
放线菌菌落	小而致密	小	干燥、正反面颜色不一致、中央与边缘颜色不一致
霉菌菌落	大而致密	大	
	大而疏松		

2.2.5 注意事项

（1）观察菌落时，避免打开培养皿盖过大或长时间暴露，以防环境杂菌污染。如需挑取菌体观察显微形态，需使用灭菌接种环，且操作需在酒精灯火焰旁进行。

（2）观察菌落特征时，需从大小、形状、湿润度、边缘、颜色（正反面/中央与边缘）、质地（光滑/粗糙、致密/疏松）、透明度、气味等多维度描述，避免遗漏关键细节。

（3）实验结束后，所有使用过的菌种平板需经高压蒸汽灭菌处理后再丢弃，防止微生物扩散。使用显微镜完毕需擦拭干净，物镜转离通光孔，避免镜头污染或损坏。

2.2.6 思考题

现有四种未知微生物的菌落，特征如下：

菌落 A：大而疏松，呈棉絮状，菌落正反面颜色不同，边缘菌丝呈白色，中央可见黑色颗粒状结构，培养基未染色。

菌落 B：小而湿润，表面光滑透明，易挑起，菌落边缘整齐，散发出腐败臭味。

菌落 C：大而厚实，呈圆形，边缘较不平整，带有酒香味，培养基颜色无明显变化。

菌落 D：小而致密，表面呈粉状，边缘培养基凹陷，有土腥气味。

请你根据实验所学，判断 A、B、C、D 分别属于哪类微生物（细菌、酵母菌、放线菌、霉菌），并简述判断依据。

2.3 细菌的简单染色

2.3.1 实验目的

（1）学习微生物涂片、染色的基本技术，掌握细菌的简单染色法。

（2）初步认识细菌的形态特征。

（3）巩固显微镜（油镜）的使用方法和无菌操作技术。

2.3.2 实验原理

在对细菌进行显微镜观察时，由于其细胞小而透明，菌体和背景没有显著的明暗差，因而难以看清它们的形态和结构。所以用普通光学显微镜观察细菌时，往往要先对细菌进行染色，借助颜色的反衬作用，更清楚地观察细菌结构。

简单染色法是利用单一染料对细菌进行染色的一种方法。此法操作简便，适用于菌体一般形状和细菌排列的观察。

常用碱性染料进行简单染色，这是因为：在中性、碱性或弱酸性溶液中，细菌细胞通常带负电荷，而碱性染料在电离时，其分子的染色部分带正电荷（酸性染料电离时，其分子的染色部分带正电荷），因此碱性染料的染色部分很容易与细菌结合使细菌着色。经染色后的细菌细胞与背景形成鲜明的对比，在显微镜下更易于识别。常用作简单染色的染料有：美蓝、结晶紫、碱性复红等。

当细菌分解糖类产酸使培养基 pH 值下降时，细菌所带正电荷增加，此时可用伊红、酸性复红或刚果红等酸性染料染色。

2.3.3 实验材料

（1）接种：枯草芽孢杆菌 12 ~ 18 h 营养琼脂斜面培养物、藤黄微球菌约 24 h 营养琼脂斜面培养物。

（2）染色剂：吕氏碱性美蓝染液（或草酸铵结晶紫染液）、齐氏石炭酸复红染液（配制方法见附录 C）。

（3）器材：显微镜、酒精灯、载玻片、接种环、双层瓶（内装香柏油和二甲苯）、擦镜纸、生理盐水等。

2.3.4 实验内容

（1）涂片：取两块载玻片，各滴一滴生理盐水于玻片中央，用接种环以无菌操作分别从枯草芽孢杆菌和藤黄微球菌斜面上挑取少许菌苔于水滴中，混匀并涂成薄膜。若用菌悬浊液（或液体培养物）涂片，可用接种环挑取 2 ~ 3 环直接涂在载玻片上。

（2）干燥：室温自然干燥。

（3）固定：涂面朝上，通过火焰 2 ~ 3 次。此操作过程称热固定，其目的是使细胞质凝固，以固定细胞形态，方便牢固附着在载玻片上。

（4）染色：将玻片平放于玻片搁架上，滴加染液玻片上（以染液刚好覆盖涂片薄膜为宜）。

（5）水洗：倒去染液，用自来水冲洗，直至涂片上流出的水无色为止。

水洗时，不要直接冲洗涂面，而应使水从载玻片的一端流下，水流不宜过急、过大，以免涂片薄膜脱落。

（6）干燥：自然干燥，或用电吹风吹干，也可用吸水纸吸干。

（7）镜检：涂片干后镜检，涂片必须完全干燥后才能用油镜观察。

2.3.5 注意事项

（1）载玻片要清洁无油迹，滴生理盐水和取菌不宜过多；涂片要抹匀，不宜过厚。

（2）固定温度不宜过高（以玻片背面不烫手为宜），否则会改变甚至破坏细胞形态。

（3）吕氏碱性美蓝染液 1～2 min，齐氏石炭酸复红染液约 1 min。

（4）冲洗时，不要直接冲洗涂面，应使水从载玻片的一端流下。水流不宜过急、过大，以免涂片薄膜脱落。

2.3.6 思考题

（1）你认为制备细菌染色标本时，尤其应该注意哪些环节？

（2）为什么要求制片完全干燥后才能用油镜观察？

（3）如果你制作涂片未经热固定，将会出现什么问题？如果加热温度过高、时间太长，又会怎样呢？

2.4 细菌的革兰染色

2.4.1 实验目的

（1）理解革兰染色的原理。

（2）掌握革兰染色的方法。

（3）熟悉油镜的使用方法。

2.4.2 实验原理

革兰染色法，是指细菌学中广泛使用的一种重要的鉴别染色法，属于复染法。这种染色法是由丹麦医生革兰于 1884 年发明，最初是用来鉴别肺炎球菌与克雷伯肺炎菌。革兰染色法一般包括初染、媒染、脱色、复染等四个步骤。未经染色的细菌，由于其与周围环境折光率差别甚小，故在显微镜下极难区别。经染色后，阳性菌呈紫色，阴性菌呈红色，可以清楚地观察到细菌的形态、排列及某些结构特征，从而用于分类鉴定。

染色原理：通过结晶紫初染和碘液媒染后，在细菌细胞壁内形成了不溶于水的结晶紫与碘的复合物，再用 95% 乙醇脱色。

通过结晶紫初染和碘液媒染后，在细胞壁内形成了不溶于水的结晶紫与碘的复合物。革兰氏阳性菌由于其细胞壁较厚、肽聚糖网层次较多且交联致密，遇乙醇脱色处理时，因失水反而使网孔缩小，再加上它不含类脂，故乙醇处理不会出现缝隙，因此能把结晶紫与碘复合物牢牢留在壁内，使其仍呈紫色；革兰氏阴性菌因其细胞壁薄、外膜层类脂含量高、肽聚糖层薄且交联度差，在遇脱色剂后，以类脂为主的外膜迅速溶解，薄而松散的肽聚糖网不能阻挡结晶紫与碘复合物的溶出，因此通过乙醇脱色后仍呈无色，再经沙黄等红色染料复染，就使革兰氏阴性菌呈红色。

2.4.3 实验材料

灭菌玻片、10～100 μL 移液枪、10～100 μL 灭菌移液吸头、100～1000 μL 移液枪、100～1000 μL 移液吸头、接种环、酒精灯、打火机、革兰染色液、吸水纸、显微镜、香柏油、擦镜纸、计时器、待测样品（葡萄球菌 24 h 牛肉膏蛋白胨琼脂斜面培养物、大肠杆菌 24 h 牛肉膏蛋白胨琼脂斜面培养物）。

2.4.4 实验内容

（1）涂片：用移液枪吸取 10 μL 待检样品滴在载玻片的中央，用烧红冷却后的接种环将液滴涂布成一均匀的薄层，涂布面不宜过大。

（2）干燥：将标本面向上，手持载玻片一端的两侧，小心地在酒精灯上高处微微加热，使水分蒸发；切勿紧靠火焰或加热时间过长，以防标本烤枯而变形。

（3）固定：常常利用高温，手持载玻片的一端，标本向上，在酒精灯火焰处尽快地来回通过 2～3 次，共 2～3 s，并不时以载玻片背面加热触及皮肤，不觉过烫为宜（不超过 60 ℃），放置待冷后进行染色。

（4）初染：在涂片薄膜上滴加草酸铵结晶紫 1～2 滴，使染色液覆盖涂片，染色约 1 min。

（5）水洗：斜置载玻片，在自来水龙头下用小股水流冲洗，直至洗下的水呈无色为止。

（6）媒染：用 100～1000 μL 移液枪吸取约 300 μL 碘液滴在涂片薄膜上，使染色液覆盖涂片，染色约 1 min。

（7）水洗：重复（5）。

（8）脱色：斜置载玻片，滴加 95% 乙醇脱色，至流出的乙醇不现紫色为止，需时 20～30 s，随即水洗。

（9）复染：在涂片薄膜上滴加沙黄染液 1～2 滴，使染色液覆盖涂片，染色约 1 min。

（10）水洗：重复（5）。

（11）干燥、观察：用吸水纸吸掉水滴，待标本片干后置于显微镜下，用低倍镜观察，发现目的物后滴一滴浸油在玻片上，用油镜观察细菌的形态及颜色，紫色的是革兰氏阳性菌，红色的是革兰氏阴性菌。

2.4.5 注意事项

（1）涂片时不宜过厚，以免脱色不完全造成假阳性。

（2）火焰固定不宜过热，以玻片不烫手为宜。

（3）加热时使用载玻片夹子及试管夹，以免烫伤。

（4）使用染料时注意避免黏到衣物上。

（5）使用乙醇脱色时不要靠近火焰。

（6）观察时常常以分散的细菌为准，过于密集的细菌常常呈假阳性。

2.4.6 思考题

（1）革兰染色是否成功，有哪些问题需要注意，为什么？

（2）为什么用老龄菌进行革兰染色会造成假阳性？

（3）你认为革兰染色法中哪个步骤可以省略，在何种情况下可以省略？

（4）革兰染色时，初染色前可以加碘液吗？乙醇脱色后复染前，革兰氏阳性菌和革兰氏阴性菌应分别是什么颜色？

2.5 细菌的芽孢、荚膜和鞭毛染色法

2.5.1 实验目的

（1）掌握芽孢、荚膜和鞭毛染色法。

（2）了解芽孢杆菌的形态特征。

（3）观察细菌鞭毛的形态特征。

2.5.2 实验原理

芽孢又叫内生孢子（endospore），是某些细菌生长到一定阶段在菌体内形成的休眠体，通常呈圆形或椭圆形。细菌能否形成芽孢以及芽孢的形状、芽孢在芽孢囊内的位置、芽孢囊是否膨大等特征是鉴定细菌的依据之一。

由于芽孢壁厚、透性低、不易着色，当用石炭酸复红、结晶紫等进行单染色时，菌体和芽孢囊着色，而芽孢囊内的芽孢不着色或仅显很淡的颜色，游离的芽孢呈红或淡蓝紫色的圆或椭圆形的圈。为了使芽孢着色便于观察，可用芽孢染色法。

芽孢染色法的基本原理是：用着色力强的染色剂孔雀绿或石炭酸复红，在加热条件下染色，使染料不仅进入菌体也可进入芽孢内，进入菌体的染料经水洗后被脱色，而芽孢一经着色难以被水洗脱；当用对比度大的复染剂染色后，芽孢仍保留初染剂的颜色，而菌体和芽孢囊被染成复染剂的颜色，使芽孢和菌体更易于区分。

荚膜是包围在细菌细胞外的一层黏液状或胶质状物质，其成分为多糖糖蛋白或多肽。由于荚膜与染料的亲和力弱、不易着色，而且可溶于水，易在用水冲洗时被除去，所以通常用衬托染色法染色，使菌体和背景着色，而荚膜不着色，在菌体周围形成一透明圈。由于荚膜含水量高，制片时通常不用热固定，以免变形影响观察。

鞭毛是细菌的运动“器官”。细菌是否具有鞭毛，以及鞭毛着生的位置和数目是细菌的一项重要形态特征。细菌的鞭毛很纤细，其直径通常为 0.01～0.02 μm。所以，除了很少数能形成鞭毛束（由许多根鞭毛构成）的细菌可以用相差显微镜直接观察到鞭毛束的存在外，一般细菌的鞭毛均不能用光学显微镜直接观察到，而只能用电子显微镜观察。要用普通光学显微镜观察细菌的鞭毛，必须用鞭毛染色法。

鞭毛染色的基本原理是：在染色前先用媒染剂处理，使它沉积在鞭毛上，使鞭毛直径加粗，然后再进行染色。鞭毛染色方法很多，一般有硝酸银染色法和改良的 Leifson 氏鞭毛染色法，前一种方法更容易掌握，但染色剂配制后保存期较短。

2.5.3 实验材料

（1）菌种：蜡样芽孢杆菌约 2 d 营养琼脂斜面培养物、球形芽孢杆菌（*Bacillus sphaericus*）1～2 d 营养琼脂斜面培养物、褐球固氮菌（*Azotobacter chroococcus*）或胶质芽孢杆菌（*Bacillus mucilaginosus*）约 2 d 无氨培养基琼脂斜面培养物、苏云金芽孢杆菌（*Bacillus thuringiensis*）、假单胞菌（*Pseudomonas* sp.）、金黄色葡萄球菌。

（2）染色剂：5% 孔雀绿水溶液、0.5% 番红水溶液、绘图墨水（必要时用滤纸过滤后使用）、1% 甲基紫水溶液、1% 结晶紫水溶液、6% 葡萄糖水溶液、20% 硫酸铜水溶液、甲醇、硝酸银鞭毛染色液、Leifson 氏鞭毛染色液、0.01% 美蓝水溶液。

（3）器材：小试管、滴管、烧杯、试管架、载玻片、木夹子、载玻片、盖玻片、滤纸、凹载玻片、无菌水、凡士林、显微镜等。

2.5.4 实验内容

2.5.4.1 改良的 Schaffer Fulton 氏染色法（细菌的芽孢染色法）

（1）制备菌悬液：加 1～2 滴水于小试管中，用接种环挑取 2～3 环菌苔于试管中，搅拌均匀，制成浓的菌悬液。所用菌种应掌握菌龄，以大部分细菌已形成芽孢囊为宜，取菌不宜太少。

(2) 染色：加入孔雀绿染液2~3滴于小试管中，并使其与菌液混合均匀，然后将试管置于沸水浴的烧杯中，加热染色15~20 min。

(3) 涂片固定：用接种环挑取试管底部菌液数环于洁净载玻片上，涂成薄膜，然后将涂片通过火焰3次温热固定。

(4) 脱色：水洗，直至流出的水无绿色为止。

(5) 复染：用番红染液染色2~3 min，倾去染液并用滤纸吸干残液。

(6) 镜检：干燥后用油镜观察，芽孢呈绿色，芽孢囊及营养体为红色。

2.5.4.2 荚膜染色法

A 湿墨水法

(1) 制备菌和墨水混合液：加一滴墨水于洁净的载玻片上，然后挑取少量菌体与其混合均匀。

(2) 加盖玻片：将一洁净盖玻片盖在混合液上，然后在盖玻片上放一张滤纸，轻轻按压以吸去多余的混合液。

注意：加盖玻片时勿留气泡，以免影响观察。

(3) 镜检：用低倍镜和高倍镜观察，若用相差显微镜观察效果更好。

注意：背景灰色，菌体较暗，在菌体周围呈现明亮的透明圈即为荚膜。

B 干墨水法

(1) 配制混合液：加一滴6%葡萄糖液于清净载玻片的一端，然后挑取少量菌体与其混合，再加一环墨水充分混匀。

注意：玻片必须洁净无油迹；否则，涂片时混合液不能均匀散开。

(2) 涂片：另取一端边缘光滑的载玻片作推片，将推片一端的边缘置于混合液前方，然后稍向后拉；当推片与混合液接触后，轻轻左右移动，使之沿推片接触的后缘散开，然后以大约30°角迅速将混合液推向玻片另一端，使混合液铺成薄层。

(3) 干燥：空气中自然干燥。

(4) 固定：用甲醇浸没涂片固定1 min，倾去甲醇。

(5) 干燥：在酒精灯上方用温火干燥。

(6) 染色：用甲基紫染1~2 min。

(7) 水洗：用自来水轻轻冲洗，自然干燥。

(8) 镜检：用低倍和高倍镜观察。

注意：背景灰色，菌体紫色，菌体周围的清晰透明圈为荚膜。

C Anthony 氏法

(1) 涂片：按常规取菌涂片。

（2）固定：空气中自然干燥，不可加热干燥固定。

（3）染色：用1%结晶紫水溶液染色2 min。

（4）脱色：以20%硫酸铜水溶液冲洗，用吸水纸吸干残液。

（5）镜检：干燥后用油镜观察。

注意：菌体呈深紫色，菌体周围的荚膜呈淡紫色。

2.5.4.3 鞭毛染色

硝酸银染色法如下：

（1）菌种的准备：要求用活跃生长期菌种作鞭毛染色。对于冰箱保存的菌种，通常要连续移种1～2次，然后可选用下列方法接种培养作染色用菌种：取新配制的营养琼脂斜面（表面较湿润，基部有冷凝水）接种，28～32 ℃培养10～14 h，取斜面和冷凝水交界处培养物作染色观察材料。

（2）取新制备的营养琼脂（含0.8%～1.0%琼脂）平板，用接种环将新鲜菌种点种于平板中央，28～32 ℃培养18～30 h，让菌种扩散生长，取菌落边缘的菌苔（不要取菌落中央的菌苔）作染色观察的菌种材料。

注意：良好的培养物，是鞭毛染色成功的基本条件。不宜用已形成芽孢或衰亡期培养物作鞭毛染色的菌种材料，因为老龄细菌鞭毛容易脱落。

（3）载玻片的准备：将载玻片在含适量洗衣粉的水中煮沸约20 min。取出用清水充分洗净，沥干水后置95%乙醇中，用时取出在火焰上烧去酒精及可能残留的油迹。

注意：载玻片要求光滑清净，尤其不用带油迹的载玻片（将水滴在载玻片上，无油迹载玻片水能均匀敞开）。

（4）菌液的制备：取斜面或平板菌种培养物数环于盛有1～2 mL无菌水的试管中，制成轻度混浊的菌悬液用于制片；也可用培养物直接制片，但效果往往不如先制备菌液。

注意：挑菌时，尽可能不带培养基。

（5）制片：取一滴菌液于载玻片的一端，然后将玻片倾斜，使菌液缓缓流向另一端，用吸水纸吸去玻片下端多余菌液，室温（或37 ℃温室）自然干燥。

注意：干燥后应尽快染色不宜放时间过长。

（6）染色涂片：干燥后，滴加硝酸银染色A液覆盖3～5 min，用蒸馏水充分洗去A液。用B液冲去残水后，再加B液覆盖涂片染色约数秒至1 min；当涂面出现明显褐色时，立即用蒸馏水冲洗，若加B液后显色较慢，可用微火加热，直至显褐色时立即水洗、自然干燥。

注意：配制合格的染色剂（尤其是B液）、洗去A液再加B液，掌握好B液的染色时间均是鞭毛染色成败的重要环节。

（7）镜检：干燥后用油镜观察。观察时，可从载玻片的一端逐渐移至另一端，有时只在涂片的一定部位观察到鞭毛。

注意：菌体呈深褐色，鞭毛显褐色通常呈波浪形。

2.5.5 注意事项

（1）必须使用活跃生长期的菌种（如连续传代后的新鲜培养物），避免使用形成芽孢或进入衰亡期的菌种。

（2）载玻片需要彻底去油、洁净无残留，确保菌液均匀铺展。

（3）孔雀绿水浴加热需严格控制在15～20 min，确保染料渗透芽孢壁。

2.5.6 思考题

（1）说明芽孢染色法的原理。用简单染色法能否观察到细菌的芽孢？

（2）若涂片中观察到的只是大量游离芽孢，很少看到芽孢囊及营养细胞，你认为这是什么原因？

（3）通过荚膜染色法染色后，为什么被包在荚膜里面的菌体着色而荚膜不着色？

（4）用鞭毛染色法准确鉴定一株细菌是否具有鞭毛，要注意哪些环节？

2.6 放线菌的形态结构观察

2.6.1 实验目的

（1）掌握观察放线菌形态的基本方法。

（2）了解放线菌的形态特征。

2.6.2 实验原理

放线菌是指能形成分枝丝状体或菌丝体的一类革兰氏阳性细菌，常见放线菌大多能形成菌丝体，紧贴培养基表面或深入培养基内生长的叫基内菌丝（简称“基丝”）；基丝生长到一定阶段还能像空气中生长出气生菌丝（简称“气丝”），并进一步分化产生孢子丝及孢子。

有的放线菌只产生基丝而无气丝。在显微镜下直接观察时，气丝在上层、基丝在下层，气丝色暗，基丝较透明。孢子丝依种类的不同，有直、波曲、各种螺旋形或轮生。

在油镜下观察，放线菌的孢子有球形、椭圆、杆状或柱状，能否产生菌丝体及由菌丝体分化产生的各种形态特征是放线菌分类鉴定的重要依据。为了观察放线菌的形态特征，人们设计了各种培养和观察方法，这些方法的主要目的是尽可能保持放线菌自然生长状态下的形态特征。下面介绍其中几种常用方法。

插片法：将放线菌接种在琼脂平板上，插上灭菌盖玻片后培养，使放线菌菌丝沿着培养基表面与盖玻片的交界处生长而附着在盖玻片上。观察时，轻轻取出盖玻片，置于载玻片上直接镜检。这种方法可观察到放线菌自然生长状态下的特征，而且便于观察不同生长期的形态。

玻璃纸法：玻璃纸是一种透明的半透膜，将灭菌的玻璃纸覆盖在琼脂平板表面，然后将放线菌接种于玻璃纸上；经培养，放线菌在玻璃纸上生长形成菌苔；观察时，揭下玻璃纸，固定在载玻片上直接镜检。这种方法既能保持放线菌的自然生长状态，也便于观察不同生长期的形态特征。

印片法：将要观察的放线菌的菌落或菌苔，先印在载玻片上，经染色后观察。这种方法主要用于观察孢子丝的形态，孢子的排列及其形状等，方法简便，但形态特征可能有所改变。

2.6.3 实验材料

（1）菌种：细黄链霉菌或青色链霉菌、弗氏链霉菌；

（2）培养基：灭菌的高氏 1 号琼脂；

（3）器材：经灭菌的平面皿、玻璃纸、盖玻片、玻璃涂棒，以及载玻片、接种环、接种铲、镊子、石炭酸复红染液、显微镜等。

2.6.4 实验内容

2.6.4.1 插片法

（1）倒平板：取融化并冷至大约 50 ℃的高氏 1 号琼脂约 20 mL 倒平板，凝固待用。

（2）接种：用接种环挑取菌种斜面培养物（孢子）在琼脂平板上划线接种。

（3）插片：以无菌操作用镊子将灭菌的盖玻片以大约 45°角插入琼脂内（插在接种线上），插片数量可根据需要而定。

（4）培养：将插片平板倒置，28 ℃培养，培养时间根据观察的目的而定，通常 3 ~ 5 d。

（5）镜检：用镊子小心拔出盖玻片，擦去背面培养物，然后将有菌的一面朝上放在载玻片上，直接镜检。

2.6.4.2 玻璃纸法

（1）倒平板：同“插片法”。

（2）铺玻璃纸：以无菌操作用镊子将已灭菌（155 ~ 160 ℃干燥热灭菌 2 h）的玻璃纸片（似盖玻片大小）铺在培养基琼脂表面，用无菌玻璃涂棒（或接种环）将玻璃纸压平，使其紧贴在琼脂表面，玻璃纸和琼脂之间不留气泡，每个平板可铺 5 ~ 10 块玻璃纸，也可用略小于平板的玻璃纸代替小纸片，但观察时需要再剪成小块。

（3）接种：用接种环挑取菌种斜面培养物（孢子）在玻璃纸上划线接种。

（4）培养：将平板倒置培养，28 ℃培养3～5 d。

（5）镜检：在洁净载玻片上加一小滴水，用镊子小心取下玻璃纸片，菌面朝上放在玻片的水滴上，使玻璃纸平贴在玻片上（中间勿留气泡），先用低倍镜观察，找到适当视野后换高倍镜观察。

操作过程中，勿碰动玻璃纸面上的培养物。

2.6.4.3　印片法

（1）接种培养：用高氏1号琼脂平板，常规划线接种或点种，28 ℃培养4～7 d；也可用上述两种方法使用琼脂平板上的培养物，作为制片观察的材料。

（2）印片：用接种铲或解剖刀将平板上的菌苔连同培养基切下一小块，菌面朝上放在一载玻片上。另取一洁净载玻片在火焰上微热后，盖在菌苔上。轻轻按压，使培养物（气丝、孢子丝或孢子）黏附（“印”）在后一块载玻片的中央，有印迹的一面朝上，通过火焰2～3次固定。

（3）染色：用石炭酸复红覆盖印迹，染色约1 min后水洗。

（4）镜检：干燥后用油镜观察。

2.6.5　注意事项

（1）观察时，宜用略暗光线。

（2）先用低倍镜找到适合视野，再换高倍镜观察。

（3）若要用油镜观察，需将有菌的一面朝下，并用胶片将盖玻片固定在载玻片上再观察。

（4）看细菌形态时，要注意调节倍数显微镜的倍数以及光线，看清一些特殊的结构。

（5）取菌时要注意量一定要少，而且要涂开；否则，在视野里看到的菌都是重叠在一起的，看不清。

（6）观察放线菌的基内菌丝和气生菌丝的时候要主要调节细准焦螺旋，细看；因为它们的结构是立体的，不在一个平面。

2.6.6　思考题

（1）试比较三种培养和观察放线菌方法的优缺点。

（2）玻璃纸培养和观察法是否还可用于其他类群微生物的培养和观察，为什么？

（3）镜检时，你如何区分放线菌的基内菌丝和气生菌丝？

2.7 酵母菌的形态结构观察

2.7.1 实验目的

(1) 掌握光学显微镜低倍镜和高倍镜的使用方法。

(2) 掌握酵母菌的细胞形态及其子囊孢子和假菌丝的形态。

(3) 掌握鉴别酵母菌细胞死活的方法。

(4) 了解酵母菌子囊孢子的染色方法及假菌丝观察的压片培养法。

2.7.2 实验原理

酵母菌是不运动的单细胞真核微生物，其大小通常比常见的细菌大几倍甚至几十倍，因此，不必染色即可用显微镜观察其形态。大多数酵母以出芽方式进行无性繁殖，有的二分裂生殖；子囊菌纲中的酵母菌在一定条件下，可产生子囊孢子进行有性生殖。酵母菌假菌丝的生成与培养基的种类、培养条件等因素有关。

美蓝是一种弱氧化剂，氧化态呈蓝色，还原态呈无色。用美蓝对酵母细胞进行染色时，由于活细胞的新陈代谢作用，细胞内具有较强的还原能力，能将美蓝由蓝色的氧化态转变为无色的还原态型，从而细胞呈无色；死细胞或代谢作用微弱的衰老细胞由于细胞内还原力较弱而不具备这种能力，从而细胞呈蓝色，据此可对酵母菌的细胞死活进行鉴别。

2.7.3 实验材料

(1) 菌种：酿酒酵母（*Saccharomyces cerevisiae*）、热带假丝酵母（*Candida tropicalis*）和粟酒裂殖酵母（*Sachizosaccharomyces pombe*）。

(2) 试剂：0.1%美蓝染色液、孔雀绿染色液、沙黄染色液、95%乙醇等。

(3) 器材：显微镜、载玻片、盖玻片、擦镜纸、吸水纸等。

2.7.4 实验内容

2.7.4.1 水浸片观察

(1) 制片：在干净的载玻片中央加一滴预先稀释至适宜浓度的酵母液体培养物，从侧面盖上一片盖玻片（先将盖玻片一边与菌液接触，然后慢慢将盖玻片放下使其盖在菌液上），应避免产生气泡，并用吸水纸吸去多余的水分（菌液不宜过多或过少，否则，在盖盖玻片时，菌液会溢出或出现气泡而影响观察；盖玻片不宜平着放下，以免产生气泡）。

(2) 镜检：将制作好的水浸片置于显微镜的载物台上，先用低倍镜、后用高倍镜进行观察，注意观察各种酵母的细胞形态和繁殖方式，并进行记录。

2.7.4.2 美蓝染色

（1）染色：在干净的载玻片中央加一小滴0.1%美蓝染色液，然后再加一小滴预先稀释至适宜浓度的酿酒酵母液体培养物，混匀后从侧面盖上盖玻片，并吸去多余的水分和染色液（注意：染色液和菌液不宜过多或过少，并应基本等量，而且要混匀）。

（2）镜检：将制好的染色片置于显微镜的载物台上，放置约3 min后进行镜检，先用低倍镜、后用高倍镜进行观察，根据细胞颜色区分死细胞（蓝色）和活细胞（无色），并进行记录。

（3）比较：染色约30 min后再次进行观察，注意死细胞数量是否增加。

2.7.4.3 子囊孢子的染色与观察

（1）活化酵母：将酿酒酵母移种至新鲜的麦芽汁琼脂斜面上，培养24 h，然后再转种2~3次。

（2）生孢培养：将经活化的菌种转移到醋酸钠培养基上，28 ℃培养7~10 d。

（3）制片：在洁净载玻片的中央滴一小滴蒸馏水，用接种环于无菌条件下挑取少许菌苔至水滴上，涂布均匀，自然风干后在酒精灯火焰上热固定（注意：水和菌均不要太多，涂布时应尽量涂开，否则将造成干燥时间长；热固定温度不宜太高，以免使菌体变形）。

（4）染色：滴加数滴孔雀绿染色液，1 min后水洗；加95%乙醇脱色30 s，水洗；最后用0.5%沙黄染色液复染30 s，水洗，用吸水纸吸干。

（5）镜检：将染色片置于显微镜的载物台上，先用低倍镜、后用高倍镜进行观察，子囊孢子呈绿色，菌体和子囊呈粉红色。注意：观察子囊孢子的数目、形状，并进行记录。

2.7.4.4 假菌丝的观察

压片培养法：取新鲜的酵母菌在薄层马铃薯浸出汁琼脂培养基平板上划线接种2~3条，取无菌盖玻片盖在接种线上，于25~28 ℃培养4~5 d后，打开皿盖，置于显微镜下直接观察划线的两侧形成假菌丝的形状。

（1）对所给的酵母菌进行形态的观察；

（2）对死活酵母细胞进行美蓝染色鉴别。

2.7.5 注意事项

（1）盖盖玻片时，需倾斜45°角缓慢放下，防止产生气泡影响观察。

（2）滴加菌液时量要少，避免细胞重叠或过密，影响个体结构观察。

（3）碘液或亚甲基蓝染色后需静置2~3 min，待染色剂充分渗透后再观察。

2.7.6　思考题

用美蓝染色法对酵母细胞进行死活鉴别时，为什么要控制染液的浓度和染色时间？

2.8　细菌菌落总数的测定

2.8.1　实验目的

（1）掌握微生物样品中可培养细菌的定量分析技术。

（2）掌握无菌操作和梯度稀释法。

（3）理解该方法的适用范围及局限性。

2.8.2　实验原理

平板菌落计数法是将待测样品适当稀释，使其中的微生物充分分散成单个细胞，将一定量的单细胞悬液接种到平板培养基上，经过培养，每个单细胞在固体培养基上生长繁殖而形成肉眼可见的菌落，也就是说，平板上的一个单菌落即代表接种样品中的一个单细胞。计数平板上的菌落数，根据样品的稀释倍数和接种量换算出原样品中的含菌数，以“CFU/mL”或“CFU/g”表示。

由于待测样品中的微生物可能未完全分散成单个细胞，因此，往往会使结果偏低。另外，并非样品中的所有单细胞都能在培养基上繁殖形成可见菌落，平板菌落计数法只能计数能在接种培养基及培养条件下生长的可培养菌。由于环境中存在大量的不可培养菌，因此，该方法的应用具有一定的局限性，仅适用于了解样品中可培养微生物的信息。

2.8.3　实验材料

（1）试剂：

1）牛肉膏蛋白胨平板培养基。

2）无菌生理盐水：配制0.85%~0.90%的NaCl溶液，分装于试管中，每管9 mL；分装于带玻璃珠的锥形瓶中，每瓶90 mL。121 ℃灭菌备用。

（2）器材：玻璃涂棒、移液器、酒精灯、灭菌锅、培养箱、超净台、旋涡混合器、培养皿等。

2.8.4　实验内容

2.8.4.1　样品采集、接种及培养

采取感兴趣的环境样品，如土壤、河水或湖水等，用无菌容器带回实验室。

按照稀释涂布平板法接种牛肉膏蛋白胨平板培养基，将接种的培养皿倒置于37 ℃恒温培养箱中培养1～2 d，观察记录结果。

2.8.4.2　菌落计数

从培养箱中取出接种平板，分别进行菌落计数。平板计数及样品菌落总数的计算，应掌握以下原则：

（1）选择平均菌落数为30～300的稀释度计算样品的菌落总数。同一稀释度的重复平板上的菌落数不能相差悬殊，如果相差较大，则该稀释度不能用来计算样品的菌落总数。

（2）若平板上有大片的菌苔形成，不能用于计数；若菌苔位于平板的一侧，而且面积不到平板面积的一半，平板的其余部分菌落分布均匀时，可将平板面积平分为两部分，计数不含菌苔的部分平板上的菌落数再乘以2，表示该平板的菌落数。

（3）若所有稀释度的平板上的平均菌落数均不在30～300之间，则以最接近30或300的稀释度计算样品的菌落总数。

（4）若有两个不同稀释度的平均菌落数为30～300，则按两个稀释度分别计算的样品菌落总数的比值决定。若比值小于2，以两个稀释度分别计算的样品菌落总数的平均值作为最终结果；若比值大于或等于2，则取其中较小的稀释度计算样品菌落总数。

将实验结果记录在表2-2内，并根据平板上的菌落数、样品稀释倍数和接种量计算样品中细菌的菌落总数。

表2-2　稀释度的选择及样品菌落总数的计算实例

序号	不同稀释度的平均菌落数			两个稀释度菌落总数的比值	样品的菌落总数/CFU·mL^{-1}
	10^{-1}	10^{-2}	10^{-3}		
1					
2					
3					

2.8.5　注意事项

（1）全程在超净台内操作，避免杂菌污染。

（2）稀释时充分混匀（旋涡混合器或振荡），确保微生物分散为单细胞。

（3）排除菌苔或污染平板，若部分区域有菌苔，仅计数均匀部分并换算。

2.8.6　思考题

根据实验结果，请分析准确进行平板菌落计数应该注意哪些关键操作？

2.9 总大肠菌群的测定

2.9.1 实验目的

（1）掌握多管发酵法检测水中总大肠菌群的基本原理和操作步骤。

（2）了解总大肠菌群作为水质卫生学指标的意义。

（3）理解如何判断水样中总大肠菌群的污染程度。

2.9.2 实验原理

总大肠菌群是一类需氧或兼性厌氧、革兰氏阴性、无芽孢、能在 37 ℃培养 24 ~48 h 内发酵乳糖产酸产气的杆菌。它们广泛存在于温血动物粪便和自然环境中，是评价水质受粪便污染的重要指标。

多管发酵法（MPN 法，Most Probable Number）通过统计不同稀释度水样中产酸产气的发酵管数量，查 MPN 表估算水样中总大肠菌群的浓度。

2.9.3 实验材料

（1）水样：待测水样，如自来水、河水、污水等。

（2）培养基：乳糖蛋白胨培养液（初发酵培养基）、伊红美蓝琼脂（EMB，分离培养用）、乳糖发酵管（复发酵验证用）。

（3）器材：高压灭菌锅、恒温培养箱（37 ℃）、试管（带杜氏小管）、移液枪（1 mL、10 mL）及无菌吸头、培养皿、接种环、酒精灯、超净工作台（可选）。

2.9.4 实验内容

2.9.4.1 水样采集与预处理

（1）采样：使用无菌采样瓶采集水样（若检测余氯较高的自来水，需加入硫代硫酸钠中和）。

（2）稀释（若水样污染严重）：用无菌生理盐水梯度稀释，如 10^{-1}、10^{-2}。

2.9.4.2 初发酵试验

（1）接种：取 3 组试管（每组 5 管），分别加入 10 mL、3 倍浓度乳糖蛋白胨培养液（10 mL 水样）、10 mL 普通浓度培养液（1 mL 水样）和 10 mL 普通浓度培养液（0.1 mL 水样），每管接入相应体积水样（如 10 mL、1 mL、0.1 mL）。

（2）培养：37 ℃培养 24 ~48 h，观察是否产气（杜氏小管内有气泡）和产酸（培养基变黄）。

2.9.4.3 复发酵验证

（1）划线分离：从产酸产气的初发酵管中，用接种环蘸取培养液，在伊红美蓝琼脂（EMB）平板上划线分离。37 ℃培养 24 h，观察典型菌落（大肠菌群在 EMB 上呈紫黑色或金属光泽）。

（2）革兰氏染色镜检（可选）：挑取单菌落进行革兰氏染色，确认是否为革兰氏阴性无芽孢短杆菌。

（3）复发酵：挑取 EMB 上的典型菌落接种至乳糖发酵管，37 ℃培养 24 h，再次验证产酸产气。

2.9.4.4 MPN 值计算

（1）统计初发酵试验中产酸产气的阳性管数（如 5 管中 3 管阳性）。

（2）根据接种水样体积和阳性管数，查 MPN 检索表，得出总大肠菌群的最可能数（MPN/100 mL）。

2.9.4.5 实验结果与分析

（1）记录数据：________。

（2）查 MPN 表：示例结果为 7.5 MPN/100 mL。

（3）水质评价：若检测自来水，应符合《生活饮用水卫生标准》（GB 5749—2022），总大肠菌群不得检出（MPN <1/100 mL）。

2.9.5 注意事项

（1）无菌操作：全程避免污染，使用灭菌器材。

（2）产气判断：杜氏小管内气泡不小于 10% 体积才计为阳性。

（3）干扰排除：若水样中含大量杂菌，可先过滤或选择选择性培养基。

2.9.6 思考题

（1）为什么选择乳糖发酵作为大肠菌群的检测指标？

（2）若初发酵阳性但复发酵阴性，可能是什么原因？

（3）比较多管发酵法与滤膜法的优缺点。

2.10 耐热大肠菌群的测定

2.10.1 实验目的

（1）掌握检测样品中耐热大肠杆菌含量的方法。

（2）掌握 44.5 ℃下发酵乳糖产酸产气的特性。

（3）掌握 MPN 法的操作流程及结果判读方法。

（4）理解其在食品安全和饮用水卫生检测中的应用价值。

2.10.2 实验原理

利用耐热大肠杆菌在 44.5 ℃下仍能发酵乳糖产酸产气的特性，通过多管发酵法（MPN 法，最可能数法）进行定量检测。

2.10.3 实验材料

（1）样品：水样、食品匀浆液等。

（2）培养基：

1）乳糖胆盐发酵管（Lauryl Sulfate Tryptose Broth，LST）。

2）EC 肉汤（E. coli Broth）。

3）伊红美蓝琼脂（EMB）或麦康凯琼脂（MacConkey Agar）。

（3）其他试剂：无菌生理盐水、Kovac's 吲哚试剂。

（4）器材：恒温培养箱［(35 ±0.5）℃和（44.5 ±0.2）℃］、无菌吸管、试管、培养皿、水浴锅（44.5 ℃）。

2.10.4 实验内容

2.10.4.1 样品稀释

（1）液体样品（如饮用水）：直接接种或适当稀释。

（2）固体样品（如食品）：取 25 g 样品 +225 mL 无菌生理盐水，均质后制成 1 : 10 稀释液，再梯度稀释。

2.10.4.2 初发酵试验（推测试验）

（1）取不同稀释度的样品液，接种于乳糖胆盐发酵管（LST 管），每管 9 mL，接种 1 mL 样品。

（2）(35 ±0.5）℃培养（24 ±2）h，观察是否产气（小倒管内有气泡）。

（3）阳性管：产酸（培养基变黄）且产气→可能含大肠菌群。

2.10.4.3 复发酵试验（确证试验）

（1）从阳性 LST 管取培养液，转接至 EC 肉汤（E. coli Broth）。

（2）(44.5 ±0.2）℃水浴或培养箱培养（24 ±2）h，观察是否产气。

（3）产气→耐热大肠杆菌阳性。

（4）不产气→阴性。

2.10.4.4 验证试验（可选）

（1）吲哚试验：取 EC 肉汤培养物，加 Kovac's 试剂，若出现红色环（吲哚阳性），进一步确认为大肠埃希氏菌（E. coli）。

（2）平板分离：在 EMB 或麦康凯琼脂上划线，44.5 ℃培养 18 ~24 h，观察典型菌落（如金属光泽菌落）。

2.10.4.5 MPN 值计算

根据阳性管数查 MPN 表（最可能数表），得出样品中耐热大肠杆菌的浓度（MPN/100 mL 或 MPN/g）。

（1）耐热大肠杆菌阳性：EC 肉汤 44.5 ℃培养产气，且吲哚试验阳性（若做）。

（2）报告方式：MPN/100 mL（水）或 MPN/g（食品）。

2.10.5 注意事项

（1）温度控制严格，复发酵必须（44.5 ±0.2）℃，否则可能漏检。

（2）无菌操作，避免污染。

（3）阳性对照，使用标准菌株（如 E. coli ATCC 25922）验证实验可靠性。

（4）适用范围，适用于饮用水、食品、环境样品等。

2.10.6 思考题

（1）为什么复发酵阶段（EC 肉汤）需要在（44.5 ±0.2）℃下培养？如果温度低于或高于此范围，可能对实验结果产生什么影响？

（2）如果某水样在初发酵（LST 管）中全部稀释度均产气，而复发酵（EC 肉汤）中全部阴性，可能的原因有哪些？如何改进实验方案以提高准确性？

2.11 芽孢杆菌生长曲线测定

2.11.1 实验目的

（1）通过测定芽孢杆菌的生长曲线，了解并认识微生物生长规律。

（2）学会用比浊法间接测定细菌繁殖世代所需时间。

（3）掌握牛肉膏蛋白胨液体培养基的制作方法。

2.11.2 实验原理

芽孢杆菌是一种细菌，在不良环境下能形成芽孢（内生孢子）的杆菌或球菌。该类细菌对外界胁迫因子有很强的抵抗力，广泛分布在空气、土壤、水体以及动植物体内。通过芽孢杆菌生长曲线的测定可以掌握和了解细菌繁殖世代所需时间和生长规律。理论上，芽孢杆菌繁殖世代所需时间为 31 min。

将芽孢杆菌孢子菌悬液按 1% 体积接种到一定体积的灭菌牛肉膏蛋白胨液体

培养基，并置于恒温培养箱中在 37 ℃条件下培养 24 h 后，定时取样并测定其细胞数量。以活菌数的对数为纵坐标、培养时间为横坐标，绘制一条如图 2-3 所示的生长曲线，该曲线称为芽孢杆菌的生长曲线（bacterial growth curve）。该曲线显示了芽孢杆菌生长繁殖的 4 个时期：迟滞期、对数期、静止期和衰亡期。

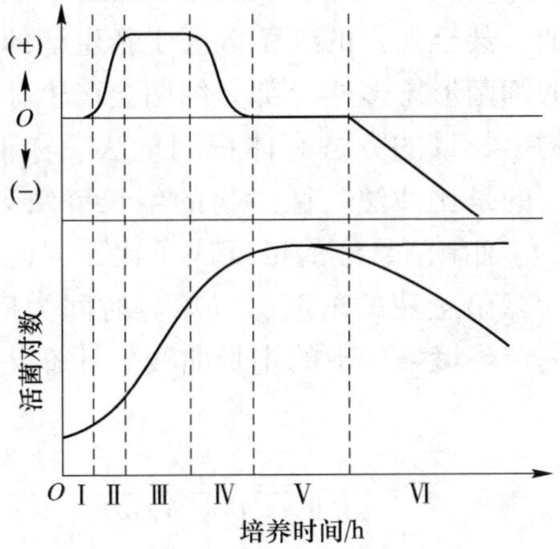

图 2-3 芽孢杆菌的生长曲线

迟滞期：又叫调整期。当细菌接种至新鲜培养基后，不会立即生长和繁殖，而是对新环境有一个短暂的适应过程，经过一段时间适应后才能在新的培养基中生长和繁殖。在此时期初始阶段，部分细菌会因不适应新环境而死亡；部分细菌则为了适应新环境，体内产生相应的酶促使细胞生长；当完全适应新环境后，细菌的生长和繁殖速率开始增大，细菌总数也开始增加。不同细菌具有不同的迟滞期，外界因素对迟滞期的影响较大。例如，接种量小，迟滞期长；营养丰富，迟滞期短；细菌菌龄处于对数期，迟滞期也短。

对数期：又称指数期。该时期的活菌数直线上升，并呈几何级数快速增加，这个时期的细菌由于营养丰富，其细胞代谢活力最强，合成新细胞的速率也最大，细菌群体中化学组分及形态、生理特性都比较一致。一般的教学实验都采用对数期的细胞作实验材料，大型发酵也采用对数期的细胞来提取代谢产物。由于该时期细菌细胞的形态、活力及活性都很典型，对外界环境因素的作用敏感，因此在该时期利用抗生素的效果最佳。

静止期：又称稳定期。这个时期的细菌生长相对平稳，处于对数期的细菌生长和繁殖迅速，消耗了培养基内的大部分营养物质，导致培养基中的营养成分快速下降。在该时期，细菌在生长发育时积累了大量的代谢产物，而代谢产物的产生对细菌具有毒性；同时，溶解氧的缺乏、pH 值和氧化还原电位的变化也会使细菌生长受阻，最终导致细菌的生长速率下降，死亡率逐渐增加。该时期细菌产生的新细菌数和死亡的细菌数基本相当，细菌的总数达到最大值，并能维持一定的时间。在常规的活性污泥污水处理时，一般采用静止期的微生物细胞。

衰亡期：又称衰老期。细菌经过静止期后，由于营养物质的耗尽，细菌因营养的缺乏而不得不利用自身储存的物质进行内源性呼吸；此时，细菌在代谢过程中会因产生有毒的代谢产物而抑制细菌的生长和发育，细菌繁殖速率明显下降，死亡的细菌数明显增加，甚至死亡的细菌数大于新生活菌数，这表明细菌的生长进入衰亡期。衰亡期的细菌形态多样，部分细菌会产生芽孢。

常见的测定微生物生长量的方法有体积测量法、称干重法、血球计数板法、比浊法等，本实验采用的是比浊法。微生物的生长繁殖会增加培养液的浑浊度。由于光密度（OD 值）与细菌菌悬液的浓度成正比，因此，可利用分光光度计测定菌悬液的光密度来计算菌悬液的浓度，以培养时间为横坐标、OD 值为纵坐标作图，可描绘细菌在一定环境条件下的生长曲线。计算芽孢杆菌的世代时间的公式为：

$$G=\frac{t_2-t_1}{(\lg W_2-\lg W_1)/\lg 2} \tag{2-1}$$

式中 G——世代时间；

t_1, t_2——对数期两点的时间；

W_1, W_2——对应时间测得的 OD 值。

2.11.3 实验材料

（1）活菌株：芽孢杆菌菌液。

（2）培养基：牛肉膏蛋白胨液体培养基。

（3）器材：恒温振荡摇床、冰箱、721 型分光光度计、恒温培养箱、1000 μL 移液枪、比色皿、三角瓶、标签纸、无菌封口膜等。

2.11.4 实验内容

（1）牛肉膏蛋白胨液体培养基的制作：

1）准确称量牛肉膏 3 g、NaCl 5 g、蛋白胨 10 g，混合后加入去离子水，待加热煮沸并且完全溶解后定容至 1000 mL。

2）将牛肉膏蛋白胨培养基分装至锥形瓶内，每个锥形瓶加入 100 mL，加无菌封口膜包扎后，放入高压灭菌锅进行灭菌。

（2）芽孢杆菌的接种：取 36 个装有牛肉膏蛋白胨培养液的试管，贴上标签（包括培养温度、摇床转速、组号等），其中测定细胞数量于 0 h、0.5 h、1 h、1.5 h、2 h、4 h、6 h、8 h、12 h、16 h、18 h、20 h、24 h 各测定一次，组号分别为 1～13，每一组设两个平行实验。在无菌操作间中，用移液枪准确吸取 2 mL

芽孢杆菌菌液接种到牛肉膏蛋白胨液体培养基中，轻轻摇荡锥形瓶，使菌体和培养基充分混匀。

(3) 芽孢杆菌生长曲线的测定：将接种芽孢杆菌后的培养基置于恒温振荡摇床上，设置温度为 37 ℃，转速为 120 r/min。在设置好的时间内取出相应组号的试管，放入冰箱中储存，待测定，将实验结果记入表 2-3 中。

表 2-3 芽孢杆菌生长曲线的测定

管号	生长时间	平行实验	OD 值	平均值
		1		
		2		
		3		

(4) 用比浊法测定芽孢杆菌培养液浓度：将不同培养时间、不同细胞浓度的芽孢杆菌培养液，用蒸馏水作空白对照，选用 540～560 nm 波长进行比浊法测定。遵循从最低浓度开始依次测定的原则，记录 OD 值。对于浓度较大的芽孢杆菌培养液则可以先用未接种过的牛肉膏蛋白胨液体培养基适当稀释后测定，记录稀释倍数。

(5) 利用实验测得的 OD 值计算芽孢杆菌生长世代，并绘制芽孢杆菌的生长曲线。

2.11.5 注意事项

(1) 接种时，注意要在无菌条件下操作。

(2) 在恒温振荡摇床上培养芽孢杆菌时，可以在锥形瓶中加入几粒玻璃珠，以防止出现菌体抱团现象，影响计数。

2.11.6 思考题

(1) 根据实验数据绘制出来的衰亡期下降得不明显，原因是什么？

(2) 比较实验测得的芽孢杆菌世代时和理论世代时，哪个更长，原因是什么？

(3) 本实验中用比浊法测定芽孢杆菌世代时，有何优点？

(4) 比较用平板计数法测定和用比浊法测定绘出的细菌生长曲线的差异，说明原因。

2.12 微生物的 MPN 计数法

2.12.1 实验目的

(1) 理解 MPN 计数法的测定原理。

(2) 掌握 MPN 计数法的操作过程。

2.12.2 实验原理

MPN（most probable number）又称为最可能数法或最近似值法、液体稀释计数法，该方法是将待测样品进行10倍系列梯度稀释，选择5~7个连续的稀释梯度分别接种到3~5个重复的液体培养基试管中（分别称为3管法、4管法和5管法，重复次数越多，误差越小）；经一段时间培养后，根据待测菌的特性，判断各管是否有待测菌生长。由于菌体分布的随机性，可根据概率理论估算待测菌的数量（可利用MPN表检索数量近似值），该法特别适用于测定混杂的微生物群落中具有特殊生理功能的微生物的数量。

2.12.3 实验材料

（1）培养基：根据待测菌的生理功能特征选择合适的培养基。

（2）实验材料：锥形瓶、试管、移液器、试管架、天平、培养箱等。

（3）试剂：无菌生理盐水，配制0.85%~0.90%的NaCl溶液，分装于试管中，每管9 mL；分装于带玻璃珠的锥形瓶中，每瓶90 mL，121 ℃灭菌备用。

2.12.4 实验内容

（1）培养基配制。按照待测微生物的生理特征配制适宜的培养基，分装至试管中，每管9 mL，高压环境微生物实验灭菌后备用。

（2）土壤样品的采集。样品采集前需先清理采集点表面的枯枝落叶，除去最表层1 cm左右的表土，然后用小型铁铲采集表层土壤样品，置于无菌样品瓶或袋中，带回实验室。

（3）去掉样品中的植物残体和沙砾，称取10 g样品，放入盛90 mL无菌生理盐水的锥形瓶中，振荡，使样品均匀分散，静置片刻；按照10倍梯度系列稀释法，制备成稀释度分别为10^{-1}~10^{-8}的土壤稀释液。

（4）接种。根据样品中待测菌的大概浓度范围，选择5~7个连续的稀释梯度，分别取1 mL接种到3（3管法）或4（4管法）或5（5管法）个重复的液体培养基试管中，每管含培养基9 mL。

（5）培养及观察计数。根据待测菌的生理特征，将所有接种管置于一定温度的培养箱中恒温培养，培养结束后，依次检测各管是否有待测菌生长，原则上要求最低稀释度的所有接种管都应该有菌生长，而最高稀释度的所有接种管应该无菌生长。根据各管生长情况确定数量指标，查相应的MPN表，得出待测菌的近似值，并计算菌浓度。若要换算出每克干土中的待测菌浓度，需提前测定样品中的含水量。

数量指标的确定及计算方法示例如下：

数量指标为 3 位数。一般来说，数量指标的第一个数应该选择所有重复管都有菌生长的最高稀释度，数量指标的第二、第三个数为相邻的后两个稀释度的生长管数，见表 2-4。

表 2-4 数量指标的确定示例（一）

样品稀释度	10^{-3}	10^{-4}	10^{-5}	10^{-7}	10^{-8}
重复管数	5	5	5	5	5
有菌生长的管数			5	1	0
数量指标			5	1	

上例（一）中数量指标为 510，查 5 管 MPN 表 2-7，得近似值为 33，再乘以数量指标第一个数的稀释倍数 10^5，即为原菌液中待测菌的浓度（3.3×10^4 MPN/mL）。

若所有接种管都有菌生长的某一稀释度后面出现 3 个稀释度接种管中都有菌生长，可将最后一个稀释度的生长管数加到前面稀释度上，作为数量指标，见表 2-5。

表 2-5 数量指标的确定示例（二）

样品稀释度	10^{-3}	10^{-4}	10^{-6}	10^{-7}	10^{-8}
重复管数	3	3	3	3	3
有菌生长的管数		3	2	1	1
数量指标		3	2	1	1

上例（二）中数量指标为 322，查 3 管 MPN 表 2-8，得近似值为 210，再乘以数量指标第一个数的稀释倍数 10^4，即为原菌液中待测菌的浓度（2.1×10^6 MPN/mL）。

（6）实验结果统计。

1）将各接种管的生长情况记录在表 2-6 内。

表 2-6 结果记录表

样品稀释度					
重复管数					
有菌生长的管数					
数量指标					

2）根据确定的数量指标，查相应的 MPN 表，计算样品中待测菌的浓度，见表 2-7 和表 2-8。

表 2-7 MPN 表（一） （10^{-2} MPN/mL）

出现阳性管数			每 100 mL 水样中细菌数	95%可信限值		出现阳性管数			每 100 mL 水样中细菌数	95%可信限值	
10 mL 管	1 mL 管	0.1 mL 管		下限	上限	10 mL 管	1 mL 管	0.1 mL 管		下限	上限
0	0	0	<2			2	0	1	7	1	17
0	0	1	2	<0.5	7	2	1	0	7	1	17
0	1	0	2	<0.5	7	2	1	1	9	2	21
0	2	0	4	<0.5	11	2	2	0	9	2	21
1	0	0	2	<0.5	7	2	3	0	12	3	28
1	0	1	4	<0.5	11	3	0	0	8	1	19
1	1	0	4	<0.5	15	3	0	1	11	2	25
1	1	1	6	<0.5	15	3	1	0	11	2	25
1	2	0	6	<0.5	15	3	1	1	14	4	34
2	0	0	5	<0.5	13	3	2	0	14	4	34
3	2	1	17	5	46	5	2	0	49	17	130
3	3	0	17	5	46	5	2	1	70	23	170
4	0	0	13	3	31	5	2	2	94	28	220
4	0	1	17	5	46	5	3	0	79	25	190
4	1	0	17	5	46	5	3	1	110	31	250
4	1	1	21	7	63	5	3	2	140	37	310
4	1	2	26	9	78	5	3	3	180	44	500
4	2	0	22	7	67	5	4	0	130	35	300
4	2	1	26	9	78	5	4	1	170	43	190
4	3	0	27	9	80	5	4	2	220	57	700
4	3	1	33	11	93	5	4	3	280	90	850
4	4	0	34	12	93	5	4	4	350	120	1000
5	0	0	23	7	70	5	5	0	240	68	750
5	0	1	34	11	89	5	5	1	350	120	1000
5	0	2	43	15	110	5	5	2	540	180	1400
5	1	0	33	11	93	5	5	3	920	300	3200
5	1	1	46	16	120	5	5	4	1600	640	5800
5	1	2	63	21	150	5	5	5	≥2400		

注：该表为接种 5 份 10 mL 水样、5 份 1 mL 水样、5 份 0.1 mL 水样时，不同阳性及阴性情况下 100 mL 水样中细菌数的最可能数和 95%可信限值。

表 2-8 MPN 表（二） （MPN/mL）

阳性管数			每克样本中细菌数	95%可信限值		阳性管数			每克样本中细菌数	95%可信限值	
0.1	0.01	0.001		下限	上限	0.1	0.01	0.001		下限	上限
0	0	0	<3.0		9.5	2	2	0	21	4.5	42
0	0	1	3.0	0.15	9.6	2	2	1	28	8.7	94
0	1	0	3.0	0.15	11	2	2	2	35	8.7	94
0	1	1	6.1	1.2	18	2	3	0	29	8.7	94
0	2	0	6.2	1.2	18	2	3	1	36	8.7	94
0	3	0	9.4	3.6	38	3	0	0	23	4.6	94
1	0	0	3.6	0.17	18	3	0	1	38	8.7	110
1	0	1	7.2	1.3	18	3	0	2	64	17	180
1	0	2	11	3.6	38	3	1	0	43	9	180
1	1	0	7.4	1.3	20	3	1	1	75	17	200
1	1	1	11	3.6	38	3	1	2	120	37	420
1	2	0	11	3.6	42	3	1	3	160	40	420
1	2	1	15	4.5	42	3	2	0	93	18	420
1	3	0	16	4.5	42	3	2	1	150	37	420
2	0	0	9.2	1.4	38	3	2	2	210	40	430
2	0	1	14	3.6	42	3	2	3	290	90	1000
2	0	2	20	4.5	42	3	3	0	240	42	1000
2		0	15	3.7	42	3	3	1	460	90	2000
2	1	1	20	4.5	42	3	3	2	1100	180	4100
2	1	2	27	8.7	94	3	3	3	>1100	420	—

注：1. 本表采用 3 个稀释度［0.1 g（mL）、0.01 g（mL）和 0.001 g（mL）］，每个稀释度接种 3 管。

2. 表内所列检样量如改用 1 g（mL）、0.1 g（mL）和 0.01 g（mL）时，表内数字应相应降低 10 倍；如改用 0.01 g（mL）、0.001 g（mL）、0.0001 g（mL）时，则表内数字应相应增高 10 倍，其余类推。

2.12.5 注意事项

（1）稀释梯度的选择必须确保至少有一个稀释度的所有接种管均生长（阳性），且相邻的更高稀释度所有接种管均不生长（阴性）。

（2）数量指标的确定需严格遵循“三管法”“四管法”或“五管法”的规则，查表时需注意 MPN 表的适用条件。

2.12.6 思考题

试分析 MPN 计数法的优缺点及其应用范围。

2.13 菌种 DNA 和 RNA 浓度检测

2.13.1 实验目的

（1）掌握 DNA 和 RNA 浓度的测定方法。

（2）理解蛋白质和有机物对测定 DNA 和 RNA 浓度的干扰。

2.13.2 实验原理

DNA 链或 RNA 链上碱基的苯环结构在紫外光区具有较强吸收，其吸收峰在 260 nm 处。当波长为 260 nm 时，DNA 或 RNA 的光密度 OD_{260} 不仅与总含量有关，也随构型而有所差异。

对标准样品来说，浓度为 1 μg/mL 时，DNA 钠盐的 $OD_{260}=0.02$；当 $OD_{260}=1$ 时，dsDNA 浓度约为 50 μg/mL；ssDNA 浓度约为 37 μg/mL；RNA 浓度约为 40 μg/mL；寡核苷酸浓度约为 30 μg/mL。

当 DNA 样品中含有蛋白质、酚或其他小分子污染物时，会影响 DNA 吸光度的准确测定。一般情况下，应同时检测同一样品的 OD_{260}、OD_{280} 和 OD_{230}，计算其比值以衡量样品的纯度。

纯 DNA 的 OD 经验值：$OD_{260}/OD_{280} \approx 1.8$（大于 1.9，表明有 RNA 污染；小于 1.6，表明有蛋白质和酚等污染可能）。

纯 RNA 的 OD 经验值：$1.7 < OD_{260}/OD_{280} < 2.0$（小于 1.7 时，表明有蛋白质或酚污染；大于 2.0 时，表明可能有异硫氰酸残存）。一般地，OD_{260}/OD_{280} 比值用于估计核酸的纯度；OD_{260}/OD_{230} 比值用估计去盐的程度。对于 RNA 纯制品，其 $OD_{260}/OD_{280} \approx 2.0$、$OD_{260}/OD_{230} > 2$。若 $OD_{260}/OD_{280} < 2.0$，则可能是蛋白污染所致，此时可以增加酚抽提；若 $OD_{260}/OD_{230} < 2$，则说明去盐不充分，此时可以再次沉淀并用 70% 乙醇洗涤。

2.13.3 实验材料

（1）试剂：灭菌双氧水、TE 缓冲液。

（2）器材：移液枪、石英比色皿、紫外分光光度计等。

2.13.4 实验内容

（1）将紫外分光光度计开机预热 10 min。

（2）用双氧水洗涤比色皿数次，并用吸水纸将其吸干，加入 TE 缓冲液。之后，放至样品室的 S 架上，关上盖板，并校零。

（3）将标准样品和待测样品适当稀释（将 3 μL DNA 或 4 μL RNA 用 TE 缓

冲液稀释至 1000 μL）后，记录编号和稀释度。

（4）把装有标准样品或待测样品的比色皿放进样品室的 S 架上，关上盖板。

（5）设定紫外光波长，分别测定 230 nm、260 nm、280 nm 波长下样品的 OD 值。

（6）计算待测样品的浓度与纯度：

$$\text{DNA 样品的浓度}(\mu g/\mu L) = OD_{260} \times \text{稀释倍数} \times 50/1000 \tag{2-2}$$

$$\text{RNA 样品的浓度}(\mu g/\mu L) = OD_{260} \times \text{稀释倍数} \times 40/1000 \tag{2-3}$$

2.13.5　注意事项

（1）在测定样品的 DNA 或者 RNA 浓度时，如果样品浓度过高（高于标准样品的最大浓度），则要将样品稀释一定倍数后重新进行测定。

（2）DNA 和 RNA 样品不要在强光条件下放置，否则容易发生光解。

2.13.6　思考题

（1）DNA 和 RNA 样品容易被什么污染，应如何避免?

（2）待测样品浓度读数不稳定，可能是哪些原因造成的?

3 环境中的微生物

3.1 大气（空气）中的微生物测定

空气中的微生物数量及种类常因污染源及其污染程度的不同而有所差异。空气中污染物常以气溶胶的形式存在，微生物气溶胶会污染水源及食品，从而影响人类健康。经空气传播的病原菌主要有白喉杆菌、结核杆菌、金黄色葡萄球菌、炭疽杆菌、溶血性链球菌、脑膜炎球菌、麻疹病毒及感冒病菌等，因此，检测空气中微生物的污染情况，应得到充分重视。空气中微生物检测一般以细菌和真菌为主要检测目标，其检测方法多种多样，沉降法便是其中较为常见的一种。沉降法能在一定程度上检测出空气中的活菌总数，客观上反映空气污染程度和一定范围内的卫生通风状况，故其常用在空气消毒除菌效果的评价上。

3.1.1 实验目的

（1）学习并了解空气中微生物数量的检测方法。

（2）了解所处环境空气中的微生物分布状况。

（3）掌握空气中微生物检测的方法。

3.1.2 实验原理

沉降法是通过重力使空气中含有微生物的微小液滴或尘粒自然沉降到培养基表面，经过培养后，通过肉眼检查得出该环境下微生物数量及种类的一种检测方法。据推算，若每 100 cm^2 培养基在空气中暴露时间为 5 min，则其表面接收到自然沉降的微生物数量相当于 10 L 空气中含有的微生物数量。

3.1.3 实验材料

（1）试剂：分别为营养琼脂培养基（细菌）、察氏培养基（真菌）和高氏 1 号培养基（放线菌）。

（2）器材：经过灭菌处理的三角烧瓶（带玻璃塞）、培养皿和试管等。

3.1.4 实验内容

（1）每 3 种培养基（营养琼脂培养基、察氏培养基和高氏 1 号培养基）组合为一组，置于 3 个不同的检测点，打开平板盖，使其在空气中充分暴露 5 ~ 10 min。同时，分别制作 3 种培养基，并将其作为空白对照样品。

（2）到规定时间后，将各培养基盖盖好后收集回来，置于 37 ℃培养箱中培养 24 ~ 48 h。根据各培养基上生长的菌落数，计算出 1 m^3 或 1 L 空气中的细菌个数。在菌落数计数时，若两个或几个菌落边缘存在重叠情况，则分别计为两个或几个。

（3）计算。奥梅梁斯基认为，在面积为 100 cm^2 的营养琼脂培养基表面，5 min 内空气中降落的细菌数，在经过 37 ℃培养 24 h 后生长的菌落数和 10 L 空气中所含的细菌个数相当。将 10 L 空气改为 1 m^3 空气，则奥氏公式如式（3-1）所示。

$$C = \frac{1000N}{A/100 \times t \times 10/5} \tag{3-1}$$

式中，C 为每 1 m^3 空气中的细菌数；A 为搜集面积，cm^2；t 为暴露时间，min；N 为菌落数，CFU。

简化后的奥氏公式为：

$$C = \frac{50000N}{A \times t} \tag{3-2}$$

3.1.5 注意事项

（1）平板放置好后，人员尽量不要在其附近走动，以免搅动空气，对实验结果产生干扰。

（2）在计数时务必专心，遵循计数原则，尽可能做到计数准确。

3.1.6 思考题

（1）平板放置好后，人员在附近走动会造成哪些方面的影响？

（2）沉降法存在哪些不足，可以怎样改进？

3.2 水体中细菌总数测定

3.2.1 实验目的

（1）学习水样采集的方法和步骤，并掌握水中细菌总数的测定方法。

（2）掌握平板菌落计数法的原则。

（3）了解水中细菌的种类及数量对水质的影响。

（4）理解细菌种类及数量在饮用水监测中的重要性。

3.2.2 实验原理

水中细菌总数可以说明水体的水质状况和被微生物污染的程度，为防止水体被病原体污染而引起传染病，生活污水必须经过严格的细菌学检验。细菌学检验主要包括两大类：细菌种类监测和细菌数量监测，细菌学检验是水质评估的重要指标之一。

细菌菌落总数是指将 1 mL 水样加入新鲜无菌的营养琼脂培养基中，置于恒温培养箱中，在 37 ℃条件下培养 24 h 后生长的细菌菌落总数（CFU）。参照我国《生活饮用水卫生标准》（GB 5749—2006），生活饮用水中的细菌菌落总数不能大于 100 CFU/mL。本实验采用平板菌落计数法测定水中的菌落总数。由于水中细菌种类繁多，对生长条件的要求各不相同，并不能找到同一种适合所有细菌生长的培养基和培养条件，因此，本次实验所得的细菌菌落总数是一种近似值。

3.2.3　实验材料

（1）试剂：营养琼脂培养基、无菌水、灭菌的生理盐水。

（2）器材：高压灭菌锅、电热炉、三角瓶（250 mL）、玻璃棒、培养皿（ϕ9 cm）、烧杯、移液枪、无菌封口膜、棉绳、纱布等。

3.2.4　实验内容

3.2.4.1　营养琼脂培养基的配制

（1）按照 33 g∶1 L（营养琼脂与水的比例），配制营养琼脂培养基。

（2）灭菌。在 121 ℃高压灭菌锅中灭菌 30 min，待压力降至“0”后，取出培养基，并将其置于室温下，备用。

3.2.4.2　取样

（1）自来水：先用火焰灼烧自来水的水龙头约 3 min，进行灭菌处理；然后打开水龙头，待水龙头流水 5 min 后，采用无菌的三角瓶接取水样。

（2）池水、河水或湖泊水：在距岸边 5 m 处，用无菌空瓶采集距水面 10～15 cm 的深层水样。将灭菌的玻璃瓶瓶口向下伸入设定水层，迅速翻转玻璃瓶，待水注满玻璃瓶后，在水中盖紧瓶塞，将玻璃瓶取出水面，送样检查。取样后应立即进行检验，如果不能在 2 h 之内进行检验，则应放入冰箱中保存，保存时间一般不超过 24 h。

3.2.4.3　水样的稀释

（1）以无菌操作方式将水样用 10 倍系列稀释法稀释。首先用移液枪吸取 1 mL 充分混匀的水样到灭菌试管中，并加入 9 mL 无菌生理盐水，充分混匀后，标记为 1∶10（即 10^{-1}的稀释液）；以此类推，按相同的操作方法依次配制 10^{-2}、10^{-3}、10^{-4}、10^{-5}、10^{-6}等系列稀释液，备用。根据水体污染的严重程度设置稀释度，以培养后平板的菌落数在 30～300 个的稀释度为宜。若 5 个稀释度的菌落数均多到无法计数或培养基中无菌落生长，则需继续稀释或减小稀释倍数。

（2）在寡污带区域的水体中，取 10^{-1}、10^{-2}、10^{-3}三个连续稀释度；在 α-

中污带和β-中污带区域水体中，取10^{-2}、10^{-3}、10^{-4}三个连续稀释度；在多污带区域水体中，取10^{-3}、10^{-4}、10^{-5}三个连续稀释度。

3.2.4.4　水体中细菌分离培养的操作方法

根据所采水样的污染程度，选取3个适宜的稀释度。在无菌操作间进行接种后置于恒温培养箱中培养，每个稀释度重复3次，作为平行实验组并标号。用无菌水代替稀释液进行接种，作为对照实验组。

分离培养水体细菌时，通常采取以下三种常规方法：

（1）倾注法。移液枪吸取1 mL稀释液至无菌培养皿中，将9 mL已溶化并冷却到45 ℃左右的灭菌培养基倾入其中，轻轻摇匀，使稀释液和培养基充分混匀。待培养基冷凝后倒置，置于恒温培养箱中，并于37 ℃条件下培养24 h。

（2）涂布法。将溶化好的无菌营养琼脂培养基倾入培养皿中，待培养基自然冷凝制成平板后，吸取1 mL稀释液滴加到培养基表面；用灭菌的涂布棒进行涂布，使稀释液均匀分布在整个固体培养基的表面，待平板将稀释液吸收完毕后，将培养基置于恒温培养箱中，并于37 ℃条件下培养24 h。

（3）双层培养法。倾入适量琼脂制作底层平板，待培养基冷却凝固后，滴入1 mL稀释液，倾入适量琼脂，在桌面上转动平板使其混合均匀。将培养基置于恒温培养箱中，并于37 ℃条件下培养24 h。

3.2.4.5　测定菌落总数

A　菌落计数原则

在计算相同稀释度的平均菌落数时，若其中某一平板出现较多大片菌落，则不宜采用，应以无大片菌落出现的平板为准；若平板中大片菌落不及一半，而其余菌落在平板上分布均匀，则可以这部分平板的菌落数乘以2得到该平板的菌落总数，再求出该稀释度下的平均菌落数。

（1）选择平均菌落数的范围为30～300个。当只有一个稀释度的平均菌落数符合此范围时，该水样的细菌菌落总数才能以该稀释度平均菌落数与其稀释倍数的乘积来计算。

（2）若有两个稀释度的平均菌落数均为30～300个，则按两者菌落总数的比值选取。若其比值小于2，则应采取两者的平均数；若大于2，则取其中较小的菌落总数。

（3）若所有稀释度的平均菌落数均大于300个，其菌落计数按稀释度最高的平均菌落数乘以稀释倍数；若所有稀释度的平均菌落数均小于30，则菌落计数应按稀释度最低的平均菌落数乘以稀释倍数。

（4）若所有稀释度的平均菌落数均不为30～300个，则以最接近30个或300个的平均菌落数与稀释倍数的乘积来计算。

B 测定菌落总数

从恒温培养箱中取出培养 24 h 后的培养基进行平板菌落计数，肉眼观察菌落数，也可以借助细菌计数器和放大镜进行检查，以防遗漏。

依照上述提及的菌落计数原则，将各稀释度下的菌落总数计数后，填入表 3-1 中。计算各稀释度下的菌落平均数，按照稀释倍数，根据下列公式计算细菌菌落总数，即：

$$细菌总数(个/mL)=稀释倍数\times平均菌落数 \tag{3-3}$$

表 3-1 水中细菌总数的测定

样品	稀释度及细菌菌落数			两个稀释度的菌落总数之比	菌落总数 /CFU · mL^{-1}
1					
2					
3					

3.2.5 注意事项

(1) 实验的整个操作需要在通风橱进行，并注意无菌操作，防止污染。

(2) 将水样进行稀释时，移液枪头不可混用，不同水样必须使用不同的移液枪头。

(3) 样品稀释需要用生理盐水，不可用无菌水，以防细菌吸水裂解死亡。

3.2.6 思考题

(1) 分析自来水中细菌总数的实验结果，讨论所取自来水是否符合生活饮用水的标准？

(2) 所取水源的污染程度如何？根据我国的水质标准，该水源属于哪一类水？

(3) 国家对自来水的细菌总数测定有统一标准，各地能否自行设计条件（培养温度、培养时间）来测定水样中的细菌总数呢，为什么？

3.3 水体中大肠菌群测定（多管发酵法）

3.3.1 实验目的

(1) 学习测定水中大肠菌群数量的多管发酵法。

(2) 了解大肠菌群数量在饮水中的重要性。

3.3.2 实验原理

多管发酵法包括初（步）发酵实验、平板分离和复发酵实验三个部分。

3.3.2.1 初（步）发酵实验

发酵管内装有乳糖蛋白胨液体培养基，并倒置一德汉氏小套管。乳糖能起选择作用，因为很多细菌不能发酵乳糖，大肠菌群能发酵乳糖并且产酸产气。为便于观察细菌的产酸情况，培养基内加入溴甲酚紫作为 pH 值指示剂，细菌产酸后，培养基即由原来的紫色变为黄色。溴甲酚紫还有抑制其他细菌（如芽孢菌）生长的作用。

水样接种于发酵管内，37 ℃下培养，24 h 内小套管中有气体形成，并且培养基混浊，颜色改变，说明水中存在大肠菌群，为阳性结果，但有个别其他类型的细菌在此条件下也可能产气；此外，产酸不产气的也不能完全说明是阴性结果。在量少的情况下，也可能延迟到 48 h 后才产气，此时应视为可疑结果。因此，以上两种结果均需继续做下面两部分实验，才能确定是否是大肠菌群，48 h 后仍不产气的为阴性结果。

3.3.2.2 平板分离

平板培养基一般使用复红亚硫酸钠琼脂（远藤氏培养基，Endo's medium）或伊红美蓝琼脂（eosin methylene blueagar，EMB agar），前者含有碱性复红染料，在此作为指示剂，它可被培养基中的亚硫酸钠脱色，使培养基呈淡粉红色；大肠菌群发酵乳糖后产生的酸和乙醛即为复红反应，形成深红色复合物，使大肠菌群菌落变为带金属光泽的深红色。亚硫酸钠还可抑制其他杂菌的生长。伊红美蓝琼脂平板含有伊红与美蓝染料，在此亦作为指示剂，大肠菌群发酵乳糖造成酸性环境时，这两种染料即结合成复合物，使大肠菌群产生与远藤氏培养基上相似的、带核心的、有金属光泽的深紫色（龙胆紫的紫色）菌落。初发酵管 24 h 内产酸产气和 48 h 产酸产气的均需在以上平板上划线分离菌落。

3.3.2.3 复发酵实验

以上大肠菌群阳性菌落，经涂片染色为革兰氏阴性无芽孢杆菌者，通过此实验再进一步证实。原理与初发酵实验相同，经 24 h 培养产酸又产气的，最后确定为大肠菌群阳性结果。

3.3.3 实验材料

（1）乳糖蛋白胨发酵管（内有倒置小套管），三倍浓缩乳糖蛋白胨发酵管（瓶）（内有倒置小套管），伊红美蓝琼脂平板，灭菌水。

（2）载玻片，灭菌带玻璃塞空瓶，灭菌吸管，灭菌试管等。

3.3.4 实验内容

3.3.4.1 水样的采取

先将自来水龙头用火焰烧灼3 min灭菌，再打开水龙头。

3.3.4.2 自来水检查

（1）初（步）发酵实验在2个含有50 mL三倍浓缩的乳糖蛋白胨发酵烧瓶中，各加入100 mL水样。在10支含有5 mL三倍浓缩乳糖蛋白胨发酵管中，各加入10 mL水样。混匀后，37 ℃培养24 h，24 h未产气的继续培养至48 h。

（2）平板分离经24 h培养后，将产酸产气及48 h产酸产气的发酵管（瓶），分别划线接种于伊红美蓝琼脂平板上，再于37 ℃下培养18～24 h，将符合下列特征的菌落的一小部分进行涂片、革兰染色、镜检。

1）深紫黑色、有金属光泽。

2）紫黑色、不带或略带金属光泽。

3）淡紫红色、中心颜色较深。

（3）复发酵实验经涂片、染色、镜检，如果为革兰氏阴性无芽孢杆菌，则挑取该菌落的另一部分，重新接种于普通浓度的乳糖蛋白胨发酵管中，每管可接种来自同一初发酵管的同类型菌落1～3个，37 ℃培养24 h，实验结果若产酸又产气，即证实有大肠菌群存在。

证实有大肠菌群存在后，再根据初发酵实验的阳性管（瓶）数查表3-2，即得大肠菌群数。

表3-2 大肠菌群检数表

10 mL水的阳性管数	每毫升水样中大肠菌群数		
	100 mL水的阳性0管	100 mL水的阳性1管	100 mL水的阳性2管
0	<3	4	11
1	3	8	18
2	7	13	27
3	11	18	38
4	14	24	52
5	18	30	70
6	22	36	92
7	27	43	120
8	31	51	161
9	36	60	230
10	40	69	>230

注：接种水样总量300 mL（100 mL 2份，10 mL 10份）。

3.3.4.3 池水、河水或湖水等的检查

（1）将水样稀释至 10^{-1}与 10^{-2}。

（2）分别吸取 1 mL 10^{-2}、10^{-1}的稀释水样和 1 mL 原水样，各装入有 10 mL 普通浓度乳糖蛋白胨发酵管中。另取 10 mL 和 100 mL 原水样，分别注入装有 5 mL 和 50 mL 三倍浓缩乳糖蛋白胨发酵液的试管（瓶）中。

（3）以下步骤同上述“自来水的平板分离和复发酵实验”。

（4）将 100 mL、10 mL、1 mL、0.1(10^{-1}) mL 水样的发酵管结果查表 3-3，将 10 mL、1 mL、0.1(10^{-1}) mL、0.01(10^{-2}) mL 水样的发酵管结果增加 10 倍即可，即得每升水样中的大肠菌群数。

表 3-3 大肠菌群检数

接种水样量/mL				水样中大肠菌群数/MPN · L^{-1}
100	10	1	0.1	
	−		−	<9
			+	9
		+	−	9
	+		−	9.5
		+	+	18
	+	−	+	19
	+	+	−	22
+				23
	+	+	+	28
+	−		+	92
+	−	+	−	94
+		+	+	180
+	+		−	230
+	+		+	960
+	+	+	−	2380
+	+	+	+	>2380

注：“+”为大肠菌群发酵阳性；“−”为大肠菌群发酵阴性。

3.3.5 注意事项

（1）乳糖蛋白胨培养液需在 121 ℃高压灭菌 20 min，灭菌后应立即冷却至室温，避免长时间高温导致培养基成分分解（如乳糖焦化）。

（2）初发酵阶段的产气判断需以杜氏小管内出现连续气泡为标准，避免将培养基因灭菌不彻底产生的溶解气体误认为阳性。

3.3.6 思考题

（1）大肠菌群的定义是什么？

（2）为什么要选择大肠菌群作为水源被肠道病原菌污染的指示菌？

（3）EMB 培养基含有哪几种主要成分？在检查大肠菌群时，它们起什么作用？

（4）经检查，水样是否合乎饮用标准？

3.4 水体中大肠菌群测定（滤膜法）

3.4.1 实验目的

（1）掌握滤膜法检测水体中大肠菌群的技术。

（2）掌握滤膜灭菌、无菌过滤操作及结果计算方法。

（3）理解水体中大肠菌群测定方法在饮用水卫生监测中的快速、高效优势。

3.4.2 实验原理

滤膜法是采用滤膜过滤器过滤水样，使其中的细菌截留在滤膜上，然后将滤膜放在适当的培养基上进行培养，大肠菌群可直接在膜上生长，从而可直接计数。所用滤膜是一种多孔硝化纤维膜或乙酸纤维膜，其孔径约 0.45 μm。

3.4.3 实验材料

（1）样品：无菌水，河水或湖水。

（2）伊红美蓝琼脂培养基：蛋白胨 10 g、乳糖 10 g、K_2HPO_4 2 g、伊红 0.4 g、美蓝 0.065 g、琼脂 20 g、水 1000 mL、pH 值调到 7.2 左右。

（3）器材：灭菌过滤器（可用高压蒸汽灭菌）、镊子、滤膜、烧杯等。

3.4.4 实验内容

（1）滤膜灭菌。将滤膜放入装有蒸馏水的烧杯中，加热煮沸 15 min，共煮沸 3 次，前两次煮沸后换水洗涤 2～3 次再煮，以洗去滤膜上残留的溶剂。

（2）滤膜过滤器装置。滤器基座、滤膜、漏斗和抽滤瓶装配好，其中滤膜用灭菌镊子（浸没在 95% 乙醇内，用时通过火焰灭菌）移至过滤器的基座上。其他可直接用手或夹钳操作，但不要碰到伸入抽滤瓶的橡皮塞部分，以免染菌。

（3）加水样过滤。对未知的水样可做三个稀释度，选择菌落数合适的稀释度进行计算。用针筒取河水或湖水 10 mL，缓慢过滤。

（4）滤完后，加入等量的灭菌水继续抽滤，目的是冲洗针筒壁。

（5）滤毕，用灭菌镊子取滤膜边缘，将没有细菌的一面紧贴在伊红美蓝琼脂平板上，滤膜与培养基之间不得有气泡。

（6）将平板倒置于 37 ℃下培养 22 ~ 24 h。

（7）挑取符合大肠菌群菌落特征（红色，有金属光泽）的菌落，进行革兰染色、镜检。

（8）计算：

$$1\ \text{L 水样中的大肠菌群数} = \text{滤膜上的大肠菌群菌落数} \times 10 \tag{3-4}$$

3.4.5 注意事项

（1）滤膜、镊子及过滤器需要充分灭菌（镊子火焰灼烧，滤膜煮沸 3 次），避免用手直接接触滤膜中央或培养基表面，防止杂菌污染。

（2）滤膜转移至平板时，无细菌面紧贴培养基，用无菌玻璃棒轻压排除气泡。气泡会导致菌落生长不良，影响计数准确性。

3.4.6 思考题

（1）1 L 水样中的大肠菌群数是多少？

（2）滤膜法检查大肠菌群有什么优点？

（3）应用滤膜法除了可以检查水中细菌以外，还可以应用于微生物学的哪些方面？试举一例说明。

3.5 大肠杆菌生长曲线制作

3.5.1 实验目的

（1）掌握大肠杆菌在不同培养时间的光密度测定方法和生长曲线绘制方法。

（2）掌握细菌典型生长周期（延迟期、对数期、稳定期和衰亡期）的特征及检测原理。

（3）理解比浊计数的适用范围及影响因素。

3.5.2 实验原理

3.5.2.1 光电比浊计数法原理

当光线通过微生物菌悬液时，由于菌体的散射及吸收作用使光线的透过量降低。在一定的范围内，微生物细胞浓度与透光度成反比、与光密度成正比，而光密度或透光度可以由光电池精确测出。因此，可用一系列已知菌数的菌悬液测定光密度（OD），作出光密度-菌数标准曲线。然后，以样品液测得的光密度，从标准曲线中查出对应的菌数。制作标准曲线时，菌体计数可采用血细胞计数板计数、平板菌落计数或细胞干重测定等方法。

光电比浊计数法的优点是简便、迅速，可以连续测定，适合于自动控制。但是，由于光密度或透光度除了受菌体浓度影响之外，还受细胞大小、形态、培养液成分以及采用的光波长等因素的影响。因此，对于不同微生物菌悬液进行光电比浊计数应采用相同的菌株和培养条件制作标准曲线。光波的选择通常在400～700 nm之间，具体到某种微生物还需要经过最大吸收波长以及稳定性试验来确定。另外，对于颜色太深的样品或在样品中还含有其他干扰物质的悬液不适合用此法进行测定。

3.5.2.2 细菌生长曲线特点及测定原理

大多数细菌的繁殖速率很快，在合适的条件下，一定时期的大肠杆菌细胞每20 min分裂一次。将一定量的细菌转入新鲜液体培养基中，在适宜的条件下培养细胞要经历延迟期、对数期、稳定期和衰亡期四个阶段。以培养时间为横坐标、细菌数目的对数或生长速率为纵坐标作图，绘制的曲线称为该细菌的生长曲线。不同的细菌在相同的培养条件下其生长曲线不同，同样的细菌在不同的培养条件下绘制的生长曲线也不相同。测定细菌的生长曲线，了解其生长繁殖规律，这对人们根据不同的需要、有效地利用和控制细菌的生长具有重要意义。

本实验用分光光度计进行光电比浊计数法测定不同培养时间细菌悬浮液的OD值，绘制生长曲线，也可以直接用试管或带有测定管的三角瓶测定“klett units”值的光度计。只要接种1支试管或1个带测定管的三角瓶，在不同的培养时间（横坐标）取样测定，以测得的“klett units”值为纵坐标，便可很方便地绘制出细菌的生长曲线。如果需要，可根据以下公式换算出所测菌悬液的OD值。

$$1 \text{ klett units} = \text{OD}/0.002 \tag{3-5}$$

3.5.3 实验材料

（1）菌种：大肠杆菌。

（2）培养基：LB液体培养基70 mL、分装2支大试管（5 mL/支）、剩余60 mL装入250 mL的三角瓶。

（3）器材：722型分光光度计、水浴振荡摇床、无菌试管、无菌吸管等。

3.5.4 实验内容

3.5.4.1 标记

取11支无菌大试管，用记号笔分别标明培养时间：0 h、1.5 h、3 h、4 h、

6 h、8 h、10 h、12 h、14 h、16 h 和 20 h。

3.5.4.2　接种

分别用 5 mL 无菌吸管吸取 2.5 mL 大肠杆菌过夜培养液（培养 10～12 h）转入盛有 50 mL LB 液的三角瓶内，混合均匀后分别取 5 mL 混合液放入上述标记的 11 支无菌大试管中。

3.5.4.3　培养

将已接种的试管置摇床 37 ℃振荡培养（振荡频率 250 r/min），分别培养 0 h、1.5 h、3 h、4 h、6 h、8 h、10 h、12 h、14 h、16 h 和 20 h，将标有相应时间的试管取出，立即放冰箱中储存，最后一同用光电比浊计数法测定其光密度值。

3.5.4.4　比浊测定

用未接种的 LB 液体培养基作空白对照，选用 600 nm 波长进行光电比浊测定。从接种后开始培养，依次间隔一定时间取出培养物测定其光密度值，其中以接种后未开始培养的培养液记为 0 h 样本，对细胞密度大的培养液用 LB 液体培养基适当稀释后测定，使其光密度值在 0.1～0.65 之内（测定 OD 值前，将待测定的培养液振荡，使细胞均匀分布）。

本操作步骤也可用简便的方法代替：

（1）用 1 mL 无菌吸管吸取 0.25 mL 大肠杆菌过夜培养液转入盛有 3～5 mL LB 液体的试管中，混匀后将试管直接插入分光光度计的比色槽中，比色槽上方用自制的暗盒将试管及比色暗室全部罩上，形成一个大的暗环境，另以 1 支盛有 LB 液体但没有接种的试管调零点，测定样品中培养 0 h 的 OD 值。测定完毕后，取出试管置 37 ℃继续振荡培养。

（2）分别在培养 0 h、1.5 h、3 h、4 h、6 h、8 h、10 h、12 h、14 h、16 h 和 20 h，取出含有培养物的试管按上述方法测定 OD 值。该方法准确度高、操作简便，但必须注意使用的 2 支试管要很干净，其透光程度越接近，测定的准确度越高。

3.5.5　注意事项

（1）确保所有培养试管振荡速度（250 r/min）和温度（37 ℃）严格一致，避免因培养条件差异导致生长曲线失真。取样后立即冷藏终止生长，防止大肠杆菌继续增殖影响 OD 值。

（2）每次测定前充分混匀菌液，避免菌体沉淀导致 OD 值偏低。控制 OD_{600} 值在 0.1～0.65 线性范围内，若超出需用 LB 培养基稀释后重新测定。

3.5.6　思考题

（1）光电比浊计数的原理是什么，这种计数法有何优缺点？

（2）光电比浊计数在生产实践中有何应用价值？

（3）如果用活菌计数法制作生长曲线，你认为会有什么不同，两者各有什么优缺点?

（4）细菌生长繁殖经历的四个时期中，哪个时期其世代时最短？若细胞密度为 $10^3\ mL^{-1}$，培养4.5 h后，其密度高达 $2\times10^{12}\ mL^{-1}$，请计算出其世代时。

（5）次生代谢产物的大量积累在哪个时期？根据细菌生长繁殖的规律，采用哪些措施可使次生代谢产物积累更多?

3.6 水体中藻类叶绿素a含量测定

3.6.1 实验目的

（1）掌握叶绿素a的测定原理和方法。

（2）理解水体富营养化评价体系及指标。

（3）理解如何判定水体富营养化的程度。

3.6.2 实验原理

水体富营养化是指因人类活动的影响，环境中大量氮、磷等营养物质进入水体，其含量超出生物所需，从而引起藻类及其他浮游类生物旺盛生长，水体溶解的氧含量迅速下降并进一步导致水质发生恶化，水中鱼类和其他生物大量死亡的过程。

叶绿素是植物光合作用中的重要光合色素，可分为叶绿素a、叶绿素b、叶绿素c、叶绿素d、叶绿素e五大类。其中，叶绿素a存在于所有浮游藻类中，其含量占浮游藻类有机质干重的1%~2%，是估算藻类生物量的重要指标，能准确反映水体富营养化程度。

分光光度法就是利用叶绿素a和叶绿素b的最大吸收波长不同，测定特定波段的吸光值。叶绿素提取液中两种色素的含量可以通过朗伯-比尔定律计算得出。含叶绿素a和叶绿素b的80%丙酮提取液在红光区663 nm和645 nm处有最大吸收峰，两条吸收曲线相交于652 nm处。因此，利用分光光度法测定叶绿素提取液在波长645 nm、652 nm、663 nm处的吸光值，即可根据经验公式进行计算，得出各种叶绿素的含量。

叶绿素a浓度（mg/L）　$C_a = 12.7A_{663} - 2.69A_{645}$ （3-6）

叶绿素b浓度（mg/L）　$C_b = 22.9A_{645} - 4.68A_{663}$ （3-7）

总叶绿素浓度（mg/L）　$C_T = C_a + C_b = 20.2A_{645} + 8.02A_{663}$ （3-8）

另外，由于叶绿素a、叶绿素b在波长652 nm处出现吸收峰相交的情况，而且两者具有相同的吸光系数（均为34.5），因此，也可以在该波长处测定一次吸光度（A_{652}）来计算叶绿素a和叶绿素b的总含量，即：

$$C_T = A_{652} \times 1000/34.5 \tag{3-9}$$

由于在不同溶剂体系中，叶绿体色素的吸收光谱存在差异，因此，在使用其他溶剂提取叶绿素时，计算公式会有所不同。叶绿素 a、叶绿素 b 在 95% 乙醇中的最大吸收峰的波长分别为 665 nm 和 649 nm，而类胡萝卜素在 95% 乙醇中的最大吸收峰的波长为 470 nm，从而可以通过下列公式计算出各种叶绿素的含量，即：

$$C_a = 13.95A_{665} - 6.88A_{649} \tag{3-10}$$

$$C_b = 24.96A_{649} - 7.32A_{665} \tag{3-11}$$

$$C_{x,c} = 1000 \times (A_{470} - 2.05 \times C_a - 114.8 \times C_b)/245 \tag{3-12}$$

3.6.3 实验材料

（1）水样：富营养水体 A 和富营养水体 B 中的藻类。

（2）试剂：80% 丙酮溶液、95% 乙醇、$CaCO_3$ 固体、石英砂等。

（3）器材：UV-1700 分光光度计、吸水纸、天平、剪刀、研钵、移液管、漏斗、滤纸、量筒、培养皿、过滤装置等。

3.6.4 实验内容

3.6.4.1 清洗玻璃仪器

用洗涤剂将实验过程中的玻璃仪器清洗干净，避免因酸性条件而引起叶绿素 a 的分解，从而影响实验结果。

3.6.4.2 提取叶绿素

将收集到的藻类用蒸馏水洗净，并用吸水纸吸干藻类表面的水分；称取 0.5 g 藻体，剪碎后置于研钵中，加入 5 mL 80% 丙酮溶液、少许 $CaCO_3$ 固体和石英砂，研磨成浆（研磨时要仔细，注意不能有溶液溅出）；用漏斗将滤液移到 10 mL 量筒中，加入 5 mL 80% 丙酮溶液于研钵中进行清洗，并将清洗液转移至量筒内，用 80% 丙酮溶液定容至 10 mL；将量筒内的提取液充分混匀，然后用移液管吸取 5 mL 滤液加入 25 mL 量筒中，并用 80% 丙酮溶液定容至 25 mL。最终的藻类材料与提取液体积之比为 1：100（根据叶色的深浅可以适当调整比例）。

3.6.4.3 分光光度计测量

将 80% 丙酮溶液作为参照，将叶绿素提取液倒入比色杯中，利用分光光度计测量叶绿素提取液分别在波长 645 nm、652 nm、663 nm 处的吸光度，记录实验数据。

3.6.4.4 结果计算

将测得的数据代入式（3-10）、式（3-11）和式（3-12），分别求得叶绿素 a、叶绿素 b 和类胡萝卜素的浓度（单位为 mg/L）。

叶绿素总浓度则可由叶绿素 a 和叶绿素 b 的浓度相加获得。通过以下公式求得叶绿体色素的总含量（mg/g），即：

叶绿体色素的总含量 = 色素的浓度 × 提取液体积 × 稀释倍数/样品鲜重(或干重) (3-13)

根据实验数据完成实验数据记录表，见表 3-4。

表 3-4 实验数据记录表

水 样	吸光度			色素浓度/$mg \cdot L^{-1}$			叶绿体色素的总含量/$mg \cdot g^{-1}$
	A_{663}	A_{652}	A_{645}	叶绿素 a	叶绿素 b	类胡萝卜素	
富营养水体 A							
富营养水体 B							

3.6.5 注意事项

（1）叶绿素会在酸性和光条件下分解，故操作时应提前清洗要使用的器具，避免酸污染。同时，应在弱光下进行实验，且研磨的时间要尽量短些。

（2）丙酮对人体健康有一定危害，故丙酮废液应用废液缸回收，由实验室的相关人员负责处理。

3.6.6 思考题

（1）通过测定，比较两种水样中叶绿素 a 的含量，判断两种水样受污染的程度。

（2）叶绿素 a、叶绿素 b 在蓝光区也有吸收峰，能否用这一吸收峰波长进行定量分析，为什么？

（3）如何准确测定富营养水体中叶绿素 a 的含量，操作过程中有哪些需要注意的问题？

（4）测定叶绿素的主要方法有哪些？试比较它们各自的优缺点。

3.7 浮游生物采样与保存

3.7.1 定量样品采集与保存

（1）分层采样应满足以下要求。水深小于 5 m 或者混合均匀的水体，在水面下 0.5 m 处采样。

水深 5 ~ 10 m 时，分别在水面下 0.5 m 处和透光层底部采样（透光层深度以 3 倍透明度计），取分层样品充分混合后的混合样。

水深大于 10 m 时，分别在水面下 0.5 m、1/2 透光层深度和透光层底部采样，取分层样品充分混合。混合后的混合样，必要时，可根据分层中各层生物种类和丰度差异，酌情调整分层数量。

（2）分层采样过程。浮游生物分层采样按照由浅到深的顺序进行，记录分层采样深度。水深 20 m 以上深层样品的采集，宜使用专用的深水采样设备，如颠倒式采水器。如需监测浮游生物垂直分布情况，可增加采样层，从表层到底层等间距分层。

用采水器采集样品至定量采样瓶中，一般采集不少于 500 mL 样品。若水体透明度较高，浮游植物数量较少时，应酌情增加采样体积。定量样品采集后，样品瓶不应装满，以便摇匀。

定量样品采集应在定性样品采集之前。应保持固定时间段采样，以便结果之间可相互比较。

（3）样品保存。定量样品采集后立即加入鲁哥氏碘液固定，用量为水样体积的 1.0%~1.5%。也可将鲁哥氏碘液提前加入定量采样瓶中带至现场使用。定量样品在室温避光条件下可保存 3 周；1~5 ℃冷藏避光条件下可保存 12 个月。

样品在保存过程中，应每周检查鲁哥氏碘液的氧化程度，若样品颜色变浅，应向样品中补加适量的鲁哥氏碘液，直到样品的颜色恢复为黄褐色。若样品需长期保存，应加入甲醛溶液，用量为水样体积的 4%。

3.7.2 定性样品采集与保存

（1）浮游植物、原生动物和轮虫采集用 25 号浮游生物网，枝角类和桡足类采集使用 13 号浮游生物网。

关闭浮游生物网底端出水活塞开关，在水面表层至 0.5 m 深处以 20~30 cm/s 的速度做“∞”形往复，缓慢拖动 1~3 min，待网中明显有浮游植物进入，将浮游生物网提出水面，网内水自然通过网孔滤出，待底部还剩少许水样（5~10 mL）时，将底端出口移入定性采样瓶中，打开底端活塞开关收集定性样品。采集分层样品时，用 25 号浮游生物网过滤特定水层样品，其他步骤同采集表层样品。定性样品采集完成后及时将浮游生物网清洗干净。样品采集后冷藏避光运输。

（2）深水型湖库宜在透光层进行垂直采样，采用自下而上拖动采集方式，将浮游生物网从透光层底部缓慢提升至表层，采集透光层各水层混合水样。

（3）定性样品采集后立即加入鲁哥氏碘液，用量为水样体积的 1.0%~1.5%。镜检活体样品不加鲁哥氏碘液固定。定性样品在室温避光条件下可保存 3 周；1~5 ℃冷藏避光条件下可保存 12 个月。活体样品在 4~10 ℃避光条件下可保存 36 h。

3.8 水体浮游植物测定（0.1 mL 计数框-显微镜计数法）

3.8.1 实验目的

（1）学习浮游植物样品的采集、浓缩（如静置沉淀、虹吸上清液）及固定方法，熟练使用0.1 mL 计数框（如 20 mm × 20 mm 规格）和显微镜进行细胞计数。

（2）通过计数框的固定体积（0.1 mL）和显微镜视野范围，结合浓缩倍数计算原水样中浮游植物的细胞密度（个/L），并验证重复计数的准确性（差值≤15%）。

（3）初步掌握浮游植物的形态分类技能，至少鉴定到属水平，对优势种或水华种类鉴定到种，分析群落组成及结构特征。

3.8.2 实验原理

通过浓缩水样（如静置沉淀、虹吸上清液）提高浮游植物密度，将 0.1 mL 浓缩液均匀注入特定计数框（如 20 mm × 20 mm、划分为 100 个小格的 0.1 mL 计数框）。在显微镜下对框内浮游植物进行分类计数，利用计数框的固定体积（0.1 mL）和实际观察的面积或视野范围，结合公式计算单位体积原水样中的细胞数量。该方法通过直接观察实现浮游植物的定量分析，适用于地表水中浮游植物密度的测定。

3.8.3 实验材料

（1）试剂：碘（I_2）、碘化钾（KI）、甲醛溶液 w(HCHO) = 37% ~ 40%、丙三醇、鲁哥试剂。

（2）器材：25 号浮游生物网、定量采样瓶（1 ~ 2 L）、光学显微镜、筒形分液漏斗、量筒、样品瓶（50 mL）、微量移液器（100 μL）、0.1 mL 浮游植物计数框、计数器。

3.8.4 实验内容（定量样品分析）

3.8.4.1 试样制备预检

将样品放至室温，用微量移液器取 0.1 mL 混匀样品，注入 0.1 mL 浮游植物计数框中，用盖玻片将计数框完全盖住，静置片刻，无气泡可观察样品，如有气泡应重新取样。随机选取若干计数小格或视野，初步估计浮游植物的数量。

对于含有细胞聚集成团的浮游植物样品，当不满足以下两个条件中的任何一个时，应进行超声波分散处理：

（1）群体中的浮游植物细胞个体较易被辨识，能够对群体中的细胞进行计数。

（2）当群体中所含细胞数量与群体体积或长度有固定比例时，如空星藻、盘星藻、丝状藻等，可以将群体作为计数对象，依据比例得到浮游植物细胞数量。

3.8.4.2 浮游植物密度调整

适宜测定的浮游植物密度为 10^7 ~ 10^8 cells/L。最终使加入计数框中的0.1 mL样品约含有500~10000个浮游植物细胞。

（1）样品浓缩：将全部定量样品摇匀倒入浓缩装置中，避免阳光直射的环境下，静置48 h。用细小虹吸管吸取上清液置于烧杯中，直至浮游植物沉淀物体积约20 mL。旋开浓缩装置底部活塞，将浮游植物沉淀物放入100 mL量筒中。用少许上清液冲洗浓缩装置1~3次，将冲洗水一并放入量筒中，再用上清液定容至所需浓缩倍数的体积。为了减少浮游植物吸附在浓缩装置壁上，在静置初期，应适时轻敲浓缩装置器壁。虹吸过程中，吸液口与浮游植物沉淀物间距离应大于3 cm。如水样中浮游植物密度极低，采样量1 L及以上时，可多次浓缩，即每次浓缩后再静置24~48 h，重复浓缩操作，调整至所需浓缩倍数体积。

（2）样品稀释：根据稀释倍数，选取相应体积的容量瓶，量取不少于25 mL混匀后的定量样品或经超声分散处理后的样品，用水定容至刻线。如要保存稀释后的样品，应注意补充鲁哥氏碘液，使稀释后的样品中的鲁哥氏碘液浓度与稀释前一致。

超声波分散处理具体步骤为取混匀的定量样品于样品瓶中，用超声波发生装置处理约10 min后，在显微镜下观察，如仍存在大量未分散的细胞团，则应延长超声波处理时间，直至能够准确计数。超声波分散处理过程中应注意水温，防止过热造成水分蒸发和浮游植物细胞结构被破坏。

3.8.4.3 浮游植物计数

（1）计数方式选择：根据调整后样品中浮游植物的密度，选用一种适当的计数方式，使测定过程中浮游植物细胞的总计数量为500~1500个。表3-5为推荐选用的计数方式。

表3-5 浮游植物细胞的计数方式

计数框中0.1 mL样品含有的浮游植物细胞数/cells	推荐的计数方式
500~1500	全片计数
1500~5000	行格计数
5000~10000	对角线计数、随机视野

在40×物镜下，分类计数每个小方格内所有浮游植物细胞，并记录每行的分类计数结果。若浮游植物细胞体积较大时，可降低物镜倍数。

全片计数时，逐一观察浮游植物计数框中全部100个小方格；

行格计数时，逐一观察浮游植物计数框中第2、5、8行，共30个小方格；

对角线计数时，逐一观察位于浮游植物计数框对角线位置上的10个小方格；

随机视野计数时，随机抽取一定数量的视野，分类计数每个视野内所有浮游植物细胞，并记录每个视野的分类计数结果，计数前应测量或计算显微镜视野面积。

（2）计数要求：每一样品装片计数两次。两次浮游植物细胞总计数量结果相对偏差应在±15%以内，否则应增加计数一次，直至某两次计数结果符合这一要求为止。测定结果为相对偏差在±15%以内的两次计数结果的平均值。

3.8.4.4 结果计算

样品中浮游植物的细胞密度，按照式（3-14）进行计算。

$$N = 1000 \times \frac{A}{A_c} \times \frac{n}{V} \times \frac{V_1}{V_0} \tag{3-14}$$

式中，N 为样品中浮游植物的密度，cells/L；A 为计数框面积，mm^2；A_c 为计数面积，当计数方式为对角线、行格和全片时计数面积分别为 $A/10$、$3A/10$ 和 A，当计数方式为随机视野时计数面积为总视野面积，mm^2；n 为显微镜观察计数的浮游植物细胞数，cells；V 为计数框容积，mL；V_1 为稀释或浓缩后的样品体积，mL；V_0 为稀释或浓缩前的样品体积，mL；1000为体积换算系数，mL/L。

测定结果以科学计数法表示，保留2位有效数字。

3.8.5 注意事项

（1）在开始显微镜计数前，应确认浮游植物在计数框中分布的均匀性。使用低倍数物镜观察浮游植物在整个计数框中的分布情况，若分布不均匀，应重新取样。

（2）在单次测定中，浮游植物细胞总计数量不少于500个。如果测定精度难以达到要求，可适当增加每次测定中浮游植物细胞的计数总量。

（3）如果一个浮游植物细胞的一部分在行格或视野内，而另一部分在行格或视野外，则按照在行格上边界及左边界或视野上半圈的细胞不计数，在行格下边界及右边界或视野下半圈的细胞计数。破损细胞或细胞残体不计数。

（4）计数过程中，如果发生样品水分蒸发，在计数框中形成气泡，则弃去本片重新取样计数。

（5）实验中产生的废液应分类收集，集中保管，依法委托有资质的单位进行处理。

3.8.6 思考题

（1）如何减少计数过程中因浮游植物分布不均导致的误差？

（2）若某视野中细胞密度过高或过低，应如何调整计数策略？

3.9 水体浮游植物测定（滤膜-显微镜计数法）

3.9.1 实验目的

（1）熟练掌握滤膜-显微镜计数法测定水体浮游植物的技术，包括滤膜处理、样品过滤、镜检等关键操作。

（2）通过该方法准确计算水体浮游植物的细胞密度，深入分析其群落结构和种类组成，为水质评价和生态研究提供数据支持。

3.9.2 实验原理

样品通过具有一定孔径的滤膜过滤，水体中的群体、丝状体及单细胞浮游植物会被截留在滤膜上。对滤膜进行透明处理后，在显微镜下镜检，可直观观察并统计浮游植物的种类和数量。根据滤膜的有效过滤面积、镜检计数的视野面积以及过滤样品的体积，通过特定公式计算出单位体积水样中浮游植物的细胞密度，从而实现对水体浮游植物的定量分析。

3.9.3 实验材料

（1）试剂：碘（I_2）、碘化钾（KI）、甲醛溶液 $w(HCHO)=37\%\sim40\%$、丙三醇、鲁哥氏碘液（配方同前）、显微镜浸没油（$n_D^{23}=1.515$ 或 $n_e^{23}=1.518$）。

滤膜：混合纤维素酯膜，直径25 mm，孔径0.45～3 μm。

（2）器材：25号浮游生物网、定量采样瓶（1～2 L广口聚乙烯瓶）、真空抽滤装置、烘箱、光学显微镜、计数器、滤膜。

3.9.4 实验内容（定量样品分析）

3.9.4.1 试样制备预检与密度调整

（1）预检。按照下列的要求完成预检装片，判断样品浮游植物密度，便于样品的后续分析。

（2）混匀样品。每次取样前，采用上下颠倒至少30次的方式充分混匀样品，混匀动作要轻。

（3）过滤体积。根据预检估算浮游植物密度，调整样品过滤体积，最终使滤膜上有 40 ~ 105 个浮游植物细胞。不同预检估计密度水平下推荐的样品过滤体积见表 3-6。

表 3-6 推荐选用的样品过滤体积

预估浮游植物细胞密度水平/cells · L^{-1}	推荐的样品过滤体积 V_0/mL
≥10^8	0.5 ~ 2
10^7	5 ~ 10
10^6	5 ~ 25
10^5	10 ~ 50
10^4	5 ~ 100
10^3	50 ~ 200
10^2	500
40	1000

注：1. 样品过滤体积大于漏斗容量时，应保证后续样品加入时不扰动滤膜上的浮游植物。

2. 样品过滤体积小于 5 mL 时，以实验用水再悬浮样品。首先用移液器量取一定体积的样品至 10 ~ 50 mL 规格的离心管中，再加入一定体积的实验用水，使悬浮后样品总体积在 5 mL 及以上即可，最后用胶头滴管加入 2 ~ 3 滴鲁哥氏碘液固定。

（4）样品过滤。用量筒或移液器快速量取适量样品体积，将样品加入装有滤膜的真空抽滤装置漏斗中，静置 2 ~ 3 min，真空抽滤，至漏斗中有 0.5 cm 液层时关闭真空泵，使剩余液体完全通过漏斗，切忌抽干滤膜。

（5）装片制备。样品过滤完成后，用无齿组织镊子取下滤膜，保持截留浮游植物的一面向上，放在滴有 2 滴显微镜浸没油的载玻片上，再用透明玻璃滴棒在滤膜上滴 2 滴显微镜浸没油，将载玻片放入载玻片晾片板，置于烘箱中，(70 ±2) ℃ 加热 2 h 后取出载玻片晾片板，观察滤膜是否透明。若已透明，再在滤膜上滴加 2 滴显微镜浸没油，盖上盖玻片，装片制备完成。若滤膜加热 2 h 后未透明，延长加热时间，不超过 24 h。盖上盖玻片时，勿扰动滤膜。

3.9.4.2 浮游植物计数

（1）显微镜标定。计数前标定显微镜，确定计数视野面积（Whipple 视野或目镜视场视野）。显微镜标定工具包括载物台测微计和惠普尔目镜分划板。

（2）显微镜计数。不同密度水平样品推荐视野类别及计数视野数见表 3-7。将装片置于显微镜载物台上，用 Whipple 视野或目镜视场视野进行镜检计数。较低密度水平样品计数，建议选择目镜视场视野计数。根据浮游植物细胞大小，选择目镜 10 ×、物镜 20 ×或目镜 10 ×、物镜 40 ×放大倍数镜检，记录每个视野的浮游植物种类及数量。

表 3-7 不同密度水平样品推荐视野类别及计数视野数

样　　品	推荐计数视野类别	推荐计数视野数/个
高密度水平（$\geqslant 10^8$ cells/L）	Whipple 视野	>10
中密度水平（$10^6 \sim 10^7$ cells/L）	Whipple 视野	>20
低密度水平（$\leqslant 10^6$ cells/L）	目镜视场视野	>20

Whipple 视野计数规则：视野中处于下边界及右边界线的藻类计入总数，处于上边界及左边界线的藻类不计入总数。若出现丝状体等较大个体显著穿过两个或多个格子的边界时，应在低倍镜下单独计数，再计入总数。破损细胞不计数。计数时宜缓慢移动显微镜载物台，应避免在一个区域重复抽样，确保滤膜上、下、左、右和中部区域的视野均有抽样。

3.9.4.3　结果计算

样品中浮游植物的细胞密度按照下式计算：

$$N = \frac{A_f}{A_c} \times \frac{n}{V_0} \times 1000 \tag{3-15}$$

式中，N 为样品中浮游植物的细胞密度，cells/L；A_f 为滤膜有效过滤面积，mm^2；A_c 为计数面积（镜检计数的视野面积之和），mm^2；n 为显微镜观察计数的浮游植物细胞数，cells；V_0 为过滤样品的取样体积，mL；1000 为体积单位换算系数，mL/L。

测定结果以科学计数法表示，保留 2 位有效数字。

3.9.5　注意事项

（1）滤膜使用前务必进行水化和油透明测试，只有满足相应要求的滤膜才能用于实验，否则会影响浮游植物的截留和观察效果。对载玻片和盖玻片进行严格清洁处理，使用浓盐酸和乙醇浸泡，若使用直接可用的载玻片和盖玻片，使用前也需检查是否干净，避免杂质干扰实验结果。

（2）样品过滤过程中，要严格控制真空抽滤的程度，避免抽干滤膜，防止浮游植物细胞受损或变形，影响计数准确性。装片时，用无齿组织镊子小心取下滤膜，确保截留浮游植物的一面向上，滴加显微镜浸没油和加盖玻片时，动作要轻缓，避免扰动滤膜上的浮游植物，防止细胞重叠或移位。

（3）计数前必须对显微镜进行准确标定，确定计数视野面积。镜检计数时，根据浮游植物细胞大小选择合适的放大倍数，且要严格遵循计数规则，如 Whipple 视野计数时，对处于边界的藻类按规定计入或不计入总数，避免计数误差。同时，计数过程中要缓慢移动显微镜载物台，确保滤膜上、下、左、右和中部区域的视野均有抽样，保证计数的代表性。

3.9.6 思考题

（1）在滤膜-显微镜计数法中，可能存在哪些因素导致计数误差？如何在实验操作过程中尽量减少这些误差，以提高实验结果的准确性？

（2）滤膜-显微镜计数法和0.1 mL计数框-显微镜计数法都用于水体浮游植物测定，两种方法各有什么优缺点？在实际应用中，如何根据不同的研究目的和水样特点选择合适的测定方法？

3.10 水体浮游动物测定

3.10.1 实验目的

（1）熟练掌握水体浮游动物的采样、固定、鉴定和计数方法。

（2）通过对采集到的浮游动物样品进行分类和计数，分析其种类组成、数量分布以及群落结构特征。

3.10.2 实验原理

水体浮游动物包括原生动物、轮虫、枝角类和桡足类等，它们在水生生态系统的物质循环和能量流动中扮演着重要角色。本实验利用不同规格的浮游生物网采集水样，通过在显微镜下使用特定规格的计数框对样品中的各种浮游动物进行人工分类和计数，实现水体浮游动物的定量分析。

不同种类的浮游动物具有独特的形态特征，可依据这些特征在显微镜下进行准确鉴别分类。例如，原生动物个体微小，通常需在较高放大倍数下观察其形态细节；轮虫具有特殊的头冠和咀嚼器结构；枝角类体型相对较大，有明显的甲壳和附肢；桡足类身体细长，具有发达的游泳足。通过对这些特征的识别，结合计数框的固定体积，能够精确计算各类浮游动物在水体中的密度，从而了解水体浮游动物的群落结构和分布情况，为评估水质、生态系统健康状况以及研究水生生态系统的功能提供重要依据。

3.10.3 实验材料

（1）试剂：碘（I_2）、碘化钾（KI）、甲醛溶液 $w(HCHO)=37\%\sim40\%$、丙三醇、鲁哥试剂。

（2）器材：13 号浮游生物网、25 号浮游生物网、定量采样瓶（100 mL、1 L、2 L 聚乙烯瓶）、微量移液器（100 μL）、浮游生物计数框（0.1 mL、1 mL、5 mL）、计数器。

3.10.4 实验内容（定量样品分析）

3.10.4.1 定量样品采集

（1）原生动物和轮虫定量样品采集方法同浮游植物，采水量以 1 L 为宜，或采用浮游植物的定量样品。

（2）枝角类和桡足类定量样品采集方法同浮游植物，采水量以 5 ~ 50 L 为宜，视浮游动物密度而定。一般情况下，透明度较高浮游动物密度较低时，宜增加采水量。水样经 25 号浮游生物网过滤浓缩后，将浓缩样品装入 100 mL 采样瓶，以实验用水清洗浮游生物网内侧 2 ~ 3 次，将冲洗浓缩液收集至同一采样瓶中。

3.10.4.2 固定与保存

原生动物和轮虫定性样品，宜尽快开展检测。在 24 h 内开展活体检测的样品可不加固定剂。24 h 后检测的样品，宜添加固定剂。常用的固定剂有甲醛溶液、鲁哥氏碘液等。甲醛溶液一般配制成 4% ~ 5% 的浓度，鲁哥氏碘液可直接使用。对于一些对甲醛敏感的浮游动物，也可选用其他固定剂如乙醇等。

固定步骤：将采集到的水样或浮游生物网中的样品转移到干净的容器中，如广口瓶。然后加入适量的固定剂，使样品充分与固定剂混合。固定剂与水样的体积比为 1∶9 ~ 1∶10。例如，100 mL 水样中可加入 10 ~ 11 mL 的 4% 甲醛溶液。加入固定剂后，轻轻摇匀容器，使浮游动物均匀分布在固定液中，并贴上标签，注明采样时间、地点、样品类型等信息。

3.10.4.3 定量样品前处理

（1）原生动物：将浓缩样品充分摇匀，用微量移液器准确吸取 0.1 mL 样品，置于 0.1 mL 浮游生物计数框内，在显微镜 20 × 物镜下全片计数。同一样品取样计数 2 次，2 次计数结果的相对偏差应在 ±15% 以内；否则应补充取样计数，计算相对偏差在 ±15% 以内的 2 次计数结果的平均值。

（2）轮虫：将浓缩样品充分摇匀，用微量移液器准确吸取 1 mL 样品，置于 1 mL 浮游生物计数框内，在显微镜 20 × 物镜下全片计数。同一样品取样计数 2 次，2 次计数结果的相对偏差应在 ±15% 以内；否则应补充取样计数，计算相对偏差在 ±15% 以内的 2 次计数结果的平均值。

（3）枝角类和桡足类：一般情况下，浓缩样品中的枝角类和桡足类应全部计数，残体不计数。当样品中枝角类和桡足类的密度过高时，建议稀释后再计数。每次计数用微量移液器吸取 5 mL 样品，置于 5 mL 浮游生物计数框内，在显微镜 4 × 或 10 × 物镜下计数，计算多次计数结果的总数。

3.10.4.4 实验结果计算

样品中浮游动物的密度，按照以下公式计算：

$$N = \frac{V_s \times n}{V_a \times V} \tag{3-16}$$

式中，N 为浮游动物的个体数，个/L；V_s 为浓缩样品的体积，mL；n 为计数所得浮游动物个体数，个；V_a 为浓缩样品的计数体积，mL；V 为采样体积，L。

3.10.5 注意事项

（1）在采集水样时，要确保采样器具的清洁，避免交叉污染。

（2）使用计数框计数时，要保证样品充分摇匀后再取样，避免因浮游动物分布不均导致计数误差。

3.10.6 思考题

（1）若在计数过程中发现某一类浮游动物数量突然增多或减少，可能的原因有哪些？应如何进一步探究和验证这些原因？

（2）在进行浮游动物定性样品鉴定时，发现部分个体形态异常，可能是由什么因素导致的？这些异常对实验结果的分析会产生怎样的影响？

3.11 水体着生藻类测定

3.11.1 实验目的

（1）熟练掌握水体着生藻类的采样方法，包括天然基质和人工基质采样技术，学会正确使用采样工具采集具有代表性的样品。

（2）掌握藻类样品的固定、预处理及显微镜观察鉴定方法，能够准确使用移液器、容量瓶等器材进行固定剂配制与样品处理。

（3）熟练操作显微镜对藻类进行分类鉴定，掌握使用血细胞计数板或浮游生物计数框进行藻类细胞计数的技能。

3.11.2 实验原理

不同种类的藻类具有独特的细胞形态、结构和色素分布等特征。通过光学显微镜或电子显微镜观察藻类的这些形态学特征，与藻类分类图鉴和相关文献进行对比，从而将藻类鉴定到尽可能低的分类阶元。如绿藻门的衣藻，具有卵形的细胞、两条等长的鞭毛和杯状的叶绿体；硅藻门的舟形藻，细胞呈舟形，细胞壁具有独特的花纹和结构。在进行定量分析时，采用特定的采样方法获取着生藻类样品，经固定、预处理后，在显微镜下计数，再根据采样面积、样品定容体积和镜检吸取试样体积等参数，利用相应公式计算单位面积上着生藻类的细胞数量，以此实现对水体着生藻类的定性和定量分析，进而了解水体中着生藻类的群落结构和分布情况，为评估水体生态系统健康状况提供重要依据。

3.11.3 实验材料

（1）试剂：鲁哥试液（配方同前）、甲醛溶液（1%～4%）、稀盐酸或稀硫酸、蒸馏水或无藻水。

（2）器材：移液器、容量瓶、硬质毛刷或硬毛牙刷、洗瓶、搪瓷盘、血细胞计数板或浮游生物计数框、人工基质。

3.11.4 实验内容

3.11.4.1 样品采集

可采用天然基质或人工基质采集着生藻类定量样品。天然基质可分为硬质天然基质和软质天然基质，人工基质为硅藻计。若水流湍急、流速大无法有效固定人工基质，宜采集天然基质上的样品。

A 天然基质法

（1）可在水体中选择容易刮取和测量的硬质天然基质（如粗砾和树木残干等），将采集的基质放置于漏斗中，从其表面选取至少 100 cm^2 的面积，用硬质毛刷刷取基质表面的着生藻类，以实验用水冲洗硬质毛刷、漏斗及基质表面，收集冲洗混合物于采样瓶中。

（2）若基质过大（如巨砾和基岩）无法从水体取出，使用硬质毛刷、刀片或镊子取基质表面的着生藻类，刮取面积至少 100 cm^2，小心取出毛刷、刀片或镊子，以实验用水冲洗，收集冲洗混合物于采样瓶。

（3）如果采样区内无硬质天然基质，可选择人工构筑物上的稳定硬质基质（如桥墩、码头、堤坝处）。

（4）无法采集硬质基质时，可使用注射器（或吸管）吸取 100 cm^2 面积的软质细颗粒底质，收集至样品瓶中；也可将培养皿开口向下压入松散基质中，并在培养皿开口下边缘用抹刀截取，将采集到的软质细颗粒底质从培养皿中取出，收集于采样瓶。

B 人工基质法

人工基质宜放置在隐蔽处，避开通航、观光河流的主河道，固定于距离水面 5～10 cm 处，每个采样点至少放置 3 个硅藻计，放置时间至少 14 d，定期观察着生藻类的附着生长情况。采样结束后，取出硅藻计中的载玻片，用硬质毛刷对着采样瓶口刷取载玻片表面，以实验用水冲洗硬质毛刷和玻片，收集冲洗混合物于采样瓶。

3.11.4.2 样品固定

（1）短期处理样品的固定：如果样本在 24 h 内可被带到实验室并马上处理，

可将样品遮光冷藏保存。

（2）长期保存或延迟处理样品的固定：若无法满足上述条件，需在现场添加固定剂。如需分析全部门类的藻类，按10%~15%比例加入鲁哥试液；如仅需分析硅藻群落结构，按1%~4%体积比加入甲醛溶液；样品如需长期保存按1%~4%体积比加入甲醛溶液，实际体积根据样品情况调整。

3.11.4.3 硅藻样品预处理

A 消解

如有大量硅藻出现，预处理方式可采用浓酸消解法或微波硝酸消解法。

浓酸消解法操作步骤如下：

（1）摇匀硅藻样品，取5~10 mL样品放入50 mL或100 mL烧杯中，在通风橱内，向烧杯中加5~10 mL浓硫酸或浓硝酸，静置反应12 h或电热板加热3 h。

（2）向烧杯中加入约20 mL实验用水，静置1 h，去除上清液，重复4~6次直至样品清澈。

B 洗涤

将预处理后的样品在3000 r/min下离心5 min，弃去上清液。加入实验用水反复冲洗后再次离心，重复5~7次，至悬液呈中性。离心并弃去上清液，在离心管内加入约为样品体积1/3的无水乙醇，分散混匀制成样品悬液备用。

C 永久封片

操作步骤如下：

（1）用二甲苯浸泡加拿大树胶或用甲苯浸泡硅藻胶，使树胶或硅藻胶变为黏稠状液体。

（2）将载玻片和盖玻片洗净、擦干，干燥备用。

（3）振荡装有硅藻样品的离心管，使硅藻样品悬浮。

（4）用移液器吸取适当体积硅藻悬液，如100~200 μL加在盖玻片上，室温干燥或置于电热板上温热干燥，温度不宜过高。

（5）在载玻片中间加2~4滴黏稠状的封片胶，将盖玻片上涂有硅藻样品的一面向下盖在封片胶上，宜使封片胶均匀扩散到整张盖玻片上。

（6）于室温下冷却干燥或于电热板上温热干燥，待完全冷却、干燥后，刮去多余的树胶即可镜检。

（7）每个视野宜有10~15硅藻个体，如果视野内个体数过多或过少，需要重新调整取样量，稀释或浓缩样品后重新封片。

3.11.4.4 种类鉴定与计数

非硅藻样品，在10×40倍显微镜下，使用分类图鉴和相关文献，根据藻类的形态特征，如细胞形状、大小、色素体的形态和分布、细胞壁的结构等进行鉴定，将藻类鉴定至属或种，其中优势种须鉴定至种。

硅藻样品，将硅藻封片置于 10×100 倍显微镜下，滴加显微镜浸没油观察，计数至少 400 个细胞，鉴定至属或种，优势种鉴定到种。光学显微镜下形态特征难以鉴定的种类，可通过扫描电子显微镜鉴定。

取全部着生藻类样品浓缩、沉淀后，用水定容至 20~50 mL（根据不同样品中生物个体的密度调整定容体积），充分摇匀后，取 0.1 mL 样品置于浮游生物计数框中鉴定计数。

3.11.4.5　结果计算

采样点位中着生藻类的密度按照以下公式计算：

$$N_p = \frac{n_p \times V}{V_0 \times A_p} \tag{3-17}$$

式中，N_p 为着生藻类的细胞数量，cells/cm^2；n_p 为试样中着生藻类的细胞数量，cells；V_0 为镜检吸取试样的体积，mL；V 为着生藻类样品定容体积，mL；A_p 为采样面积，cm^2。

3.11.5　注意事项

（1）对于附着牢固的藻类生物膜，需用硬质毛刷均匀刮刷，避免用力过猛破坏细胞结构或遗漏微小藻种。

（2）硅藻样品消解时，需严格控制浓酸的浓度和处理时间，避免过度消解导致细胞壁花纹模糊或破坏。

3.11.6　思考题

（1）若镜检时发现硅藻细胞壁花纹不清晰，可能由哪些操作步骤导致？如何优化预处理流程以避免这一问题？

（2）在水体富营养化监测中，着生藻类的群落结构与浮游藻类相比有何独特优势？如何结合两者数据综合评估水质？

3.12　淡水大型底栖动物测定

3.12.1　实验目的

（1）熟练掌握淡水大型底栖动物的标准化采样方法（如彼得森采泥器、索伯网的使用）。

（2）学会样品的固定、筛洗、挑拣及分类鉴定技术，确保实验操作的规范性和数据的可靠性。

3.12.2 实验原理

根据水体类型（河流、湖泊、湿地）选择合适的采样工具（如彼得森采泥器用于软底质，索伯网用于流水环境），通过定量采样（如样方、样带）和半定量采样获取具有代表性的底栖动物样品。样品经筛洗、固定（甲醛溶液或乙醇）后，通过形态学特征（如附肢结构、外壳形态、体色等）进行分类鉴定，结合分类检索表区分物种至属或种水平。通过计数个体数量计算密度和生物量。

3.12.3 实验材料

（1）试剂：甲醛溶液（37%～40%）、无水乙醇（0.79 g/mL）、丙三醇、加拿大树胶、普氏（Puris）胶。

（2）器材：采样器、筛网（60 目，0.25 mm）、盆、桶、塑料自封袋或广口塑料瓶、铁锹、搪瓷盘、细口吸管、尖嘴镊子、弯嘴镊子、标本瓶或标本盒（塑料制、具盖）、放大镜、生物显微镜、电子天平、计数器、解剖针、培养皿、吸水纸。

3.12.4 实验内容

3.12.4.1 调查选点与采样点位布设

（1）调查选点。

1）样点设置应充分考虑水环境控制单元，在各控制单元的控制断面附近至少设置一个采样点。

2）河流上、中、下游分别采样，湖泊、水库中心处、主要支流进出口处分别采样。

3）河流交汇处、湖湾、库湾、急流、浅滩、深潭、河口以及河漫滩等不同生境应采样；重要经济鱼类或珍稀种类的索饵、洄游及产卵场，省级以上自然保护区、风景名胜区、自然遗产地等重要栖息地应采样；岸线修整、挖砂等地点应适当增设采样点。

（2）采样点布设。根据江河宽度设置采样点，一般小于 50 m 的只在中心区设点；50～100 m 的可在两岸有明显水流处设点；超过 100 m 的应在左、中、右分别设置采样点。

湖泊、水库采样点的控制数量，水域面积小于 500×10^4 m^2 设 2～4 个采样点，500×10^4～1000×10^4 m^2 设 3～5 个采样点，1000×10^4～5000×10^4 m^2 设 4～6 个采样点，5000×10^4～10000×10^4 m^2 设 5～7 个采样点，大于 10000×10^4 m^2 设大于 6 个采样点。

较深水体应分层取水。一般对于水深小于 5 m 的湖泊、水库等，在 0.5 m 深度采集水样即可；水深大于 5 m，可上、中、下层分别采样。

(3) 采样量。为进一步保证采样代表性，可参考大型底栖无脊椎动物多样性生境影响因子梯度分布表（见表 3-8），按以下步骤确定适宜采样量，首先判别生态类型状况，在生态类型一致的区域选取至少 3 个生态条件良好的点位，再以最小单位采样量（例如采泥器抓取一次或一个人工基质采样器的采样量）逐个增加的形式增加采样量，当新出现的物种分类单元数增加量不足一种时，所对应的总采样量为该区域适宜的采样量。

表 3-8 大型底栖无脊椎动物多样性生境影响因子梯度分布

生境影响因子			物种多样性由高到低的一般顺序		
物理条件	底质	硬质底质	鹅卵石、砾石	基岩、漂石	砂石
		软质底质	软泥	黏土	
	水深		可涉水河流、湖泊和水库的沿岸带浅水区	不可涉水河流、湖泊和水库的深水区	
	流速/$m \cdot s^{-1}$		0.3~1.2	1.2~5.5	<0.3 或 >5.5
	水位		平水期	枯水期	丰水期
	水体	河流	常年流水	季节河流	
		湖泊和水库	沿岸带及水量稳定	沿岸带破碎，水量涨落频繁	
	地形地貌		低山丘陵	平原	高山
	土地利用		林地、湿地	农田	城镇
化学条件	溶解氧/$mg \cdot L^{-1}$		5~7.5	<5 或 >7.5	
	污染程度		清洁	污染	严重污染
生物条件	水生植物		有适量水生植物	无水生植物、被大量水生植物覆盖	

(4) 频次及时间。以年为周期，每年至少监测 2 次，可分别在春秋季开展监测。对于特殊区域，如大型底栖无脊椎动物生长繁殖仅有一季的区域则可选择适宜生物生长、繁殖的时段每年仅进行 1 次监测。对于地区特定种类有特殊繁殖时间段的，采样时间需在此繁殖时间段内。

3.12.4.2 样品采集与预处理

(1) 生境观测及水质监测。到达监测点位后，按采样位置开展监测工作。使用手持式全球定位系统准确定位监测点位的经纬度，在采样之前，观测、记录并拍摄生境状况。测定并记录水深、水温、pH 值、溶解氧、电导率、浊度等现场指标，湖泊和水库增测透明度，也可根据需要同步采集水样进行水化学指标的实验室分析。

（2）样品采集。依据前述规定的采样位置开展样品采集。采样一般顺序依次为定量采样、半定量采样和定性采样。参照表3-9湖泊、水库和河流的水体类型选择相应的采样工具，河流采样要根据水流方向，按照逆流采样原则，自下而上开展样品采集。

表3-9 淡水大型底栖无脊椎动物采样工具选择

水体类型	采样方式	采 样 工 具	备 注
湖泊和水库	定量	采泥器或篮式采样器或十字采样器	需要多人辅助或借助机械绞盘采集
	半定量	手抄网或三角拖网等	
	定性	借助铲子的手工捡拾或大孔径（孔径1 cm）拖网或地笼或耙等	
可涉水河流	定量	索伯网或篮式采样器或十字采样器	逆流采样
	半定量	手抄网或踢网等	
	定性	借助铲子的手工捡拾等	
不可涉水河流	定量	采泥器或篮式采样器或十字采样器	（1）逆流采样；（2）需要多人辅助或借助机械绞盘采集
	半定量	手抄网或三角拖网等	
	定性	大孔径（孔径1 cm）拖网或地笼等	

3.12.4.3 样品筛洗

某监测点位的样品采集完成后，彻底冲洗并仔细检查采样器具，冲洗水过筛网，避免有动物个体残留造成交叉干扰。

通常情况下，将每个监测点位的样品经目的筛网筛洗，直至过筛网后的出水澄清。拣出筛网内较大的杂物，如叶片、植物残枝、石块、塑料袋等，将附着在其表面的动物个体冲洗入筛网后丢弃。

当样品中含有较多沙粒、砂石和石块时，可将样品放入塑料盆内冲水进行浮洗分离，将上层泥水等混合物倒入筛网，如此重复3～5次。肉眼检查塑料盆内剩余残渣，将遗留的动物个体挑拣放入筛内，确认无遗留后丢弃残渣。

当样品较干净且挑拣条件具备时，可在现场开展样品挑拣，否则将样品筛洗、封装并按要求保存后，运送回驻地或实验室进行处理。

3.12.4.4 样品封装、运输和保存

将样品筛洗后的剩余物全部装入塑料自封袋或广口塑料瓶内，并检查筛网，确保无动物个体遗留。贴上标签，注明监测点位名称、样品采集日期、采集人员以及样品唯一性标识码等信息，当某个点位的样品需分装多个样品袋或样品瓶时，标明样品编号及总数；必要时，可在样品袋或样品瓶内放入相同信息的标签。封好袋口或盖紧瓶盖，填写现场采样记录表。整理、清点、核对样品无误后，冷藏保存并运送回实验室处理。

若样品中的动物样本无法及时挑拣（冷藏保存一般不宜超过 24 h，室温保存一般不宜超过 5 h），则在样品袋或样品瓶中加入适量的无水乙醇或甲醛溶液进行固定。需保证样品袋或样品瓶中乙醇浓度约 75% 或甲醛浓度约 45%，以防样品腐烂。固定保存时间一般不超过 15 天。

3.12.4.5 样品处理与鉴定

A 样品前处理

将现场采回的样品，使用自来水再次筛洗，直至出水完全澄清。若样品中已添加了固定液，则将样品在水中浸泡 15 min 左右，洗脱固定液并使动物样本充分吸水。

若某个点位的同一采样方式（如定量、半定量和定性）样品分装了多个样品袋或样品瓶时，将其合并处理，并在筛洗过程中保持水流速度较缓，轻轻搅动，混合均匀。

B 样品挑拣

动物样本的挑拣不包括空壳，如挑拣出大量动物空壳，则要重新设置采样时间或采样位置。

一般情况下，样品中的动物个体全部挑拣。将经过处理的单个样品放入 1 个至数个搪瓷盘中，由数个挑样人员挑拣，首先通过肉眼观察，使用镊子挑拣出个体相对较大的动物样本，再使用镊子或细口吸管挑拣出个体相对较小的动物样本；当肉眼视力无法识别时，借助放大镜或体视显微镜挑拣。保存时间一般不超过 24 h。

当单个样品量很大且杂质很多时，先对整个样品进行初步查看，将形态、大小、颜色等有明显特征差异的较特别动物个体挑出，再将样品进行均等分样，直至分样中的动物个体数约 10 头，停止分样，所得的分样称为最小分样单元。挑拣过程中，若发现小个体样本、偶见物种样本或暂时难以辨认的样本时，单独保存，并予以记录。

对每个挑样人员挑拣的搪瓷盘样品，由挑拣经验丰富的质控人员抽取不低于 10% 的量进行复拣，记录拣出的大型底栖无脊椎动物个体数，按要求进行样品挑拣质控。将拣出的物种样本合并于相应监测点位的样品瓶中。

C 样品固定

软体动物和水生昆虫样本先用 4% 甲醛溶液至少固定 2 d 以上，随后可用 40 目（0.42 mm）筛网兜住瓶口，将甲醛固定液倒出并加入 75% 乙醇溶液固定。

水栖寡毛类和其他动物先放入培养皿中，加少量水，并缓缓滴加数滴 75% 乙醇溶液将其麻醉，待其完全舒展伸直后固定。也可直接用无水乙醇（约 75%）固定。

D　物种鉴定

分析实验室应统一系统分类学检索书目、图谱及参考标本，建立淡水大型底栖无脊椎动物参考标本库。

根据动物样本的大小，选择肉眼、放大镜、体视显微镜或生物显微镜对其进行形态学观察和分类鉴定。若存在卵、蛹等且可以被鉴定的，标明其生命阶段。使用生物显微镜对摇蚊幼虫、寡毛纲等类群中的一些较小个体样本进行制片观察时，滴加 1 ~ 2 滴丙三醇，增加透光性，辅助观察分类特征。

一般情况下，物种的鉴定要求分类到属、区分到种，也可依据监测工作目标的实际需求，将其鉴定到不同分类级别。将个体完整、分类特征明显的样本单独存放，添加约 75% 的乙醇溶液进行固定。需进一步观察、研究或尚有异议的物种，用加拿大树胶或普氏胶制作典型分类特征部位的封片，保存待研究。

当发现外来入侵物种时，单独保存并记录。

E　计数和称重

每个监测点位的物种按鉴定结果分别一一对应统计个体数。若遇不完整的动物个体，一般只以头部计数，其中节肢动物只统计包含头节和胸节的个体，不统计零散的腹部、附肢等。

大型底栖无脊椎动物的空壳、枝角类（Cladocera）、桡足类（Copepoda）以及陆生无脊椎动物不计。

有生物量测定需求的实验室，按动物样本的个体大小选择相应量程及分度值的天平，对每个监测点位的物种进行分类称重。去除待称重个体样本附着的杂物，使用吸水纸吸干表面水分。吸干软体动物等外套腔内的水分，并带壳称重。对于个体较小且无法直接称量获得生物量数据的物种，其生物量以天平的最小分度值计。

F　标本处置

经物种鉴定、计数和称重完成后的动物标本，按种类分类存放，固定液为 75% 乙醇溶液，对较典型的实物标本拍摄特征图片并单独保存，贴上标签，注明中文学名、拉丁名、监测点位名称、采集日期、固定剂以及鉴定人员等信息，填写《大型底栖无脊椎动物标本保存记录表》。

日常监测的样品和动物标本一般保存 1 年或至任务完成为止，有条件的实验室可长期保存。

3.12.4.6　实验结果计算

（1）挑拣遗漏比（picking omissions ratio，POR）。按以下公式计算：

$$\mathrm{POR} = P/C \tag{3-18}$$

式中，POR 为挑拣遗漏比，无量纲；P 为挑样人员发现的大型底栖无脊椎动物个体数，个（ind.）；C 为挑拣质控人员发现的大型底栖无脊椎动物个体数，个（ind.）。

（2）物种分类差异百分比（percent taxonomic disagreement，PTD）。按以下公式计算：

$$PTD = \left(1 - \frac{comp_{pos}}{M}\right) \times 100\% \quad (3\text{-}19)$$

式中，PTD 为物种分类差异百分比,%；$comp_{pos}$为比对分类结果中，物种分类一致的数量，个（ind.）；M 为比对分类结果中，物种分类单元较多一方数量，个（ind.）。

（3）计数差异百分比（percent difference in enumeration，PDE）。按以下公式计算：

$$PDE = \frac{|n_1 - n_2|}{n_1 + n_2} \times 100\% \quad (3\text{-}20)$$

式中，PDE 为计数差异百分比,%；n_1 为比对计数结果 1，个（ind.）；n_2 为比对计数结果 2，个（ind.）。

（4）密度和生物量计算。

$$D_i = d_i/(A_C A) \quad (3\text{-}21)$$

式中，D_i 为分类单元 i 的密度，个/m^2（ind./m^2）或个/笼（ind./笼）；d_i 为样品计数所得分类单元 i 的个体数量，个（ind.）；A_C 为样品的挑拣比例，以分数表示；A 为现场样品采集面积或体积，m^2 或笼数。

$$B_i = b_i/(A_C A) \quad (3\text{-}22)$$

式中，B_i 为分类单元 i 的生物量，g/m^2 或 g/笼；b_i 为样品称重所得分类单元 i 的质量，g。

（5）基于 3.12.4.2 节的采样方式，监测点位的淡水大型底栖无脊椎动物分类单元的密度和生物量计算公式如下：

$$D = \sum_{i=1}^{N} D_i \quad (3\text{-}23)$$

式中，D 为基于某种采样方式的监测点位淡水大型底栖无脊椎动物分类单元的密度，ind./m^2 或 ind./笼；N 为基于某种采样方式的监测点位淡水大型底栖无脊椎动物分类单元数。

$$B = \sum_{i=1}^{N} B_i \quad (3\text{-}24)$$

式中，B 为基于某种采样方式的监测点位大型底栖无脊椎动物分类单元的生物量，g/m^2 或 g/笼。

3.12.5 注意事项

（1）严格按生境类型布设样方、样带（如湖泊沿岸带、河流逆流采样），确保采样量不小于1.36 m^2（河流）或1.5 m^2（湖泊）。

（2）筛洗使用420 μm（40目）筛网，固定液选择：软体动物用4%甲醛→75%乙醇，寡毛类需乙醇麻醉后固定。冷藏保存未固定样品不大于24 h，固定后样品需定期检查固定液澄清度（浑浊需更换）。

（3）鉴定至少到属级，疑难物种需制片（加拿大树胶封片）或分子生物学辅助。设置10%样本复检（PTD≤20%为合格），外来物种单独记录。

3.12.6 思考题

（1）为何底栖动物群落结构能反映水体污染程度？列举三类敏感物种和耐污物种，并说明其指示意义。

（2）对比彼得森采泥器与索伯网的适用场景及优缺点，如何根据水体类型选择工具？

（3）若某样点定量采样结果与半定量结果差异显著（如大型蚌类密度），可能由哪些操作因素导致，如何优化方案？

3.13 土壤中微生物的纯种分离培养（平板分离法）

3.13.1 实验目的

（1）掌握从土壤中分离和纯化微生物的基本方法。

（2）练习微生物接种和培养的基本技术，掌握无菌操作技术。

3.13.2 实验原理

为了分离和确保获得土壤中某种微生物的单菌落，首先要考虑制备不同稀释度的菌悬液，各类菌的稀释度因菌源、采集样品时的季节、气温等条件而异；其次，应考虑各类微生物的不同特性，避免菌源中各类微生物的相互干扰。

微生物纯种分类的方法有很多，常用的方法有两类：一类是单细胞挑取法，采用这种方法能获得微生物的克隆纯种，但对仪器条件要求较高，一般实验室不能进行；另一类是单菌落分离（平板分离法），该方法简便是微生物学实验中常采用的方法。

在适合于待分离微生物的生长条件下（如营养、酸碱度、温度与氧等）培养微生物，或加入某种抑制剂造成只利于待分离微生物的生长，而抑制其他微生物生长的环境，从而淘汰一些不需要的微生物。

微生物在固体培养基上生长形成的单个菌落可以是由一个细胞繁殖而成的集合体，因此可通过挑取单菌落而获得纯培养。

但是，从微生物群体中经分离生长在平板上的单个菌落并不一定保证是纯培养。因此，纯培养的确定除观察其菌落的特征外，还要结合显微镜检测个体形态特征后才能确定。有的微生物的纯培养要经过一系列分离与纯化过程和多种特征鉴定才能得到。

3.13.3　实验材料

（1）土样：采集地表 10 cm 左右的土壤混合样。

（2）菌种和培养基：青枯劳尔氏菌、肉膏蛋白胨培养基。

（3）器材：玻璃珠、三角瓶、试管、无菌培养皿、酒精灯、培养箱等。

3.13.4　实验内容

3.13.4.1　制备土壤稀释液

称取土样 10 g，放入盛有 90 mL 无菌水的带有玻璃珠的三角瓶中，放入振荡培养箱中振荡摇匀 20 min，使土样和水充分混合；取 1 支 1 mL 无菌移液管从三角瓶中吸取 1 mL（此操作要求无菌操作），加入另一盛有 9 mL 无菌水的试管中，混合均匀，以此类推分别制成 10^{-2}、10^{-3}、10^{-4} 等不同稀释度的土壤溶液。

3.13.4.2　平板分离法分离

（1）浇注平板法（稀释混合平板法）：分别取上述不同稀释液少许（0.5 ~ 1 mL），与已融化并冷却至 50 ℃左右的琼脂培养基混合、摇匀后，倾入灭过菌的培养皿中；待琼脂凝固后，制成可能含菌的琼脂平板，保温培养一定时间即可出现菌落。如果稀释得当，在平板表面或琼脂培养基中就可出现分散的单个菌落，这个菌落可能就是由一个细菌细胞繁殖形成的。随后挑取该单个菌落，或重复以上操作数次，便可得到纯培养。

（2）平板划线分离法：将已融化的培养基倒入培养皿中制成平板，用接种环蘸取少量待分离的材料，在培养基表面平行或分区划线；然后，将培养皿放入恒温箱里培养。在线的开始部分，微生物往往连在一起生长，随着线的延伸，菌数逐渐减少，最好可能形成纯种的单个菌落。

3.13.4.3　斜面接种和穿刺接种

A　斜面接种

（1）取新鲜固体斜面培养基，分别做好标记（写上菌名、接种日期、接种人等），然后用无菌操作方法，把待接菌种接入以上新鲜培养基斜面中。

（2）接种的方法是：用接种环蘸取少量待接菌种，然后在新鲜斜面上“之”字形划线，方向是从下部开始，一直划至上部。注意：划线要轻，不可把培养基划破。

（3）接种后在 30 ℃恒温培养，细菌培养 48 h，放线菌、霉菌培养至孢子成熟方可取出保存。

B 穿刺接种

（1）取新鲜半固定肉膏蛋白胨柱状培养基，做好标记（写上菌名、接种日期、接种人等）。

（2）接种的方法是：用接种针蘸取少量待接菌种，再从柱状培养基的中心传入其底部（但要穿透），然后沿原刺入路线抽出接种针，注意接种针不要移动。

（3）接种后在 30 ℃恒温培养，24 h 后观察，比较两种菌的生长结果。

3.13.5 注意事项

（1）涂布法接种时，菌悬液需完全吸收后再倒置培养，避免菌液在平板表面流动造成菌落聚集；倾注法需确保培养基温度降至 45～50 ℃（不烫手）再与菌液混合，防止高温杀死目标微生物。

（2）玻璃器皿在实验前必须洗涤干净，根据实验要求准备相应数量，移液管、培养皿等包装好后灭菌，可采用干热灭菌法处理。

3.13.6 思考题

（1）分离土壤中的细菌时为什么要稀释？

（2）用一根无菌移液管接种几种浓度的水样时，应从哪个浓度开始，为什么？

（3）如何检验平板上某个单菌落是不是纯培养？

3.14 污染土壤环境中功能微生物的分离、筛选及驯化

3.14.1 实验目的

（1）掌握采集土样的方法。

（2）掌握无菌操作技术和接种方法。

（3）掌握污染土壤环境中微生物的分离纯化方法。

3.14.2 实验原理

土壤中含有丰富的微生物，可以从中分离得到很多有价值的菌株。根据微生物生长条件的不同，按要求提供适合的培养环境，采用常规的微生物分离方法中的平板分离法，再用稀释平板法或涂布法对微生物进行划线分离，便可以得到该微生物的纯菌落。将微生物菌悬液接种到含有重金属溶液的培养基中，可以筛选出对重金属具有一定抗性的微生物菌株，进一步增加重金属溶液的浓度，则可以驯化出对重金属耐受能力较强的微生物菌株。

3.14.3 实验材料

（1）土样采集：在选定的地点采集自地表起 10 ~ 15 cm 的土样约 500 g，分装到密封牛皮袋中，放入标签后带回，在室温下风干。过筛，去除其中颗粒较大的石砾和动植物残体，收集土样，保藏备用。

（2）试剂和培养基：无菌蒸馏水、营养琼脂培养基、PDA 培养基、高氏 1 号培养基。

（3）器材：恒温培养箱、无菌移液枪、电热炉、无菌操作间、高压灭菌锅、三角瓶、试管、灭菌培养皿、无菌移液管、涂布棒等。

3.14.4 实验内容

3.14.4.1 培养基的配制

按照培养基的配方配制好培养基，然后分装至三角瓶中。

3.14.4.2 灭菌

将用报纸或者牛皮纸包好的培养皿、培养基、锥形瓶、接种环、打孔器等放入高压灭菌锅灭菌（灭菌条件：121 ℃、30 min）。

3.14.4.3 制备土样稀释液

在无菌操作间，用无菌移液枪吸取 10 mL 新鲜土壤溶液，加至带有玻璃珠的 90 mL 无菌水三角瓶中；在摇床上充分振荡 10 min，使土样与水充分混匀并使细胞完全释放、分散开，即成 10^{-1}稀释液。再用无菌移液枪吸取微生物细胞菌悬液 1 ~ 9 mL 于无菌水试管中，充分混合均匀即成 10^{-2}稀释液。依此类推，将土壤溶液配制成 10^{-3}、10^{-4}、10^{-5}、10^{-6}等不同稀释度的菌悬液。

3.14.4.4 分离

（1）制作平板培养基。将无菌培养皿和培养基放入无菌操作间，同时将镊子、打孔器、接种环棒等放入该操作间中，打开风机通风 10 min，同时紫外灭菌 10 min。待培养基自然冷凝至 55 ℃左右时，在操作间内，右手于火焰旁持盛有培养基的三角瓶，左手轻轻拔出缰塞，瓶口贴近火焰；然后通过左手大拇指和中指将皿盖打开，迅速倾入大约 10 mL 培养基，盖好皿盖，并轻轻摇动培养皿，使培养基在培养皿中均匀分布，之后将其置于操作台上进行冷却凝固、备用。

（2）取样接种。在无菌平板上用记号笔做好标记，分别用无菌移液管吸取 0.1 mL 10^{-3}、10^{-4}、10^{-5}土样稀释液，待冷凝至 55 ℃左右时，加到培养基中央位置，每个稀释度设置 3 组。

（3）涂布平板。用移液枪吸取土样稀释液 0.1 mL，加至无菌平板中。右手持灭菌涂布棒，左手持培养基平板，在酒精灯火焰处轻轻将皿盖打开进行涂布。涂布棒沿同心圆方向轻轻地向外扩展，以使菌悬液能够均匀地分布在整个培养基表面。

（4）倒置培养。将倒好的平板在无菌操作间静置放置 20 min，使菌液充分渗到培养基内。待培养基完全凝固后将平板倒置，于恒温培养箱中培养 48 h，观察结果。细菌培养的适宜温度为 37 ℃，真菌培养的适宜温度为 25 ℃，放线菌培养适宜的温度为 28 ℃。

3.14.4.5 筛选

将分离出来的微生物接种到重金属浓度为 10 mg/L 的培养基上，在适宜温度下培养 24 ~ 72 h，并观察生长情况。如果有微生物能在含重金属的培养基上生长，则说明此菌株对微生物有较好的耐受能力，成功筛选出菌株；如果没有微生物能在含重金属的培养基上生长，则可以降低初始重金属浓度，再进行培养。

3.14.4.6 驯化

将筛选出来的菌株依次递增划线并接种到重金属浓度更高的固体培养基上培养，观察菌落在培养基中的生长状况，判断微生物菌株对重金属离子的最大抗性浓度。

3.14.5 注意事项

（1）所有的接种操作必须在无菌条件下进行。

（2）在使用高压灭菌锅之前，应先将锅底部的小孔注满蒸馏水，必须要在温度降到 79 ℃、压力指针为“0”后再打开高压灭菌锅。

（3）在倒置培养时，应在固体培养基凝固前加入土样稀释液，在固体培养基凝固后将培养皿倒置。

（4）在筛选微生物时，不要将初始重金属浓度定得太高，以防止长不出微生物而导致实验失败。

3.14.6 思考题

（1）土样采集地点的选择有什么原则？

（2）为什么要将凝固后的平板倒置？

（3）倒平板时有哪些注意事项？

（4）如果在平板中加入土样稀释液后没有微生物生长，则可能是什么原因？

3.15 功能微生物菌株对镉的吸附测定

3.15.1 实验目的

（1）了解并掌握微生物对重金属的吸附机理。

（2）掌握用分光光度计测定重金属浓度的方法。

3.15.2 实验原理

微生物可以通过物理、化学或生物学等方式将重金属离子吸附在细胞壁的表面。革兰氏阳性菌的细胞壁中含有较多的肽聚糖和磷壁酸，细胞表面带有较多的负电荷，可以吸附一定量的重金属阳离子；革兰氏阴性菌细胞壁中肽聚糖的外层含有较多的脂多糖，具有很强的负电荷特性，也能吸附环境中的重金属阳离子。大多数真菌的细胞壁成分含有葡聚糖、几丁质、甘露醇、蛋白质和纤维等，这些物质的负电荷性较强，能对阳离子进行吸附。同时，由于细菌的细胞和真菌的菌丝都具有较大的比表面积，因而对重金属有着较高的吸附容量。

本实验利用已筛选纯化并驯化好的功能微生物细菌菌株，对重金属镉的吸附能力进行研究。

3.15.3 实验材料

（1）试剂：标准镉试剂（浓度为1000 mg/L）、硫酸、盐酸、氢氧化钠。

（2）培养基：牛肉膏蛋白胨液体培养基。

（3）器材：恒温振荡摇床、电热炉、高压灭菌锅、721型分光光度计、三角瓶、锥形瓶、无菌移液枪。

3.15.4 实验内容

3.15.4.1 配制牛肉膏蛋白胨液体培养基

（1）准确称量牛肉膏3 g、氯化钠5 g、蛋白胨10 g，混合后加入去离子水，待加热煮沸并且完全溶解后定容至1000 mL。

（2）将牛肉膏蛋白胨培养基分装至锥形瓶内，每个锥形瓶加入100 mL牛肉膏蛋白胨培养基，加无菌封口膜包扎后，放入高压灭菌锅进行灭菌。

3.15.4.2 吸附实验方法

在无菌操作间，将灭菌融化好的100 mL牛肉膏蛋白胨液体培养基分装至250 mL三角瓶中，然后接入细菌菌悬液1 mL，经充分摇匀后，置于恒温振荡摇床中，于37 ℃、150 r/min振荡培养。一定时间后，用移液枪吸取2 mL镉溶液并将其加入锥形瓶中，使培养液浓度均为20 mg/L，继续摇瓶培养。分别在1 h、2 h、4 h、8 h、16 h和24 h时间点取样，采集的每个样品设置3组，培养液经8000 r/min离心10 min后，取上清液由分光光度计测出重金属镉的含量。

3.15.4.3 实验结果记录

按绘制标准曲线的条件，测定样品溶液中的吸光度；根据测得的吸光度，从标准曲线上相应查出重金属镉的含量，可由以下公式分别计算出吸附率和吸附容量。

$$R=\frac{c_0-c_e}{c_0}\times 100\% \tag{3-25}$$

式中，R 为吸附率，%；c_0 为镉离子的初始浓度；c_e 为镉离子的剩余浓度。

$$q_e=\frac{(c_0-c_e)V}{M} \tag{3-26}$$

式中，q_e 为吸附容量；c_0 为镉离子的初始浓度；c_e 为镉离子的剩余浓度；V 为溶液的体积，L；M 为菌株的生物质量，g。

3.15.5　注意事项

（1）镉溶液是剧毒试剂，使用时一定要小心。

（2）取样要迅速，以降低取样时间延长对吸附率的影响。

（3）镉的测定波长为 228 nm，易受光散射和分子吸收的影响，故可在测量体系中加入适量基体改进剂。

3.15.6　思考题

（1）温度、pH 值、摇床转速、菌悬液用量、接触时间这些环境变量，哪个对吸附率的影响最大？

（2）试描述接触时间和吸附率之间的关系，建立动力学模型。

3.16　土壤固氮菌测定

3.16.1　实验目的

（1）掌握固氮菌的分布、数量及其固氮能力监测。

（2）理解土壤肥力评价方法。

3.16.2　实验原理

土壤固氮菌实验的基本原理是：通过分离和培养土壤中的固氮菌，利用其固氮酶将大气中的氮气（N_2）转化为植物可利用的氨（NH_3）或其他含氮化合物。实验通常包括采集土壤样品，在无氮培养基上培养，筛选出能够生长的固氮菌，并通过生理生化或分子生物学方法鉴定其固氮能力。通过测定固氮菌的活性或固氮量，评估其在土壤氮循环中的作用及其对植物生长的潜在贡献。

3.16.3　实验材料

（1）土壤样品（来自不同地点或不同深度的土壤）。

（2）试剂和培养基：无菌蒸馏水、无菌染色剂（如革兰染色剂、结晶紫、碘液、乙醇、番红）、无菌显微镜油、无菌生理盐水（0.85% NaCl）、无菌培养基（如 Ashby 培养基、无氮培养基）。

（3）器材：pH 值计、天平、恒温振荡器、分光光度计、凯氏定氮仪、无菌培养皿、无菌移液管、无菌玻璃棒、无菌滤纸、无菌试管、无菌接种环、无菌离心管、无菌离心机、无菌恒温培养箱、无菌显微镜、无菌载玻片和盖玻片、无菌计数器、无菌镊子、无菌酒精灯、无菌记号笔。

3.16.4 实验内容

3.16.4.1 土壤样品采集

（1）选择采样点：选择不同地点（如农田、草地、森林等）或不同深度（如 0 ~ 10 cm、10 ~ 20 cm）的土壤样品。

（2）采样方法：使用无菌铲子或土钻采集土壤样品，每个采样点采集 3 ~ 5 份重复样品。

（3）记录信息：记录采样点的经纬度、植被类型、土壤类型、采样深度、采样时间等信息。

（4）保存样品：将土壤样品装入无菌袋中，密封后标记编号，尽快带回实验室。

3.16.4.2 土壤样品处理

（1）风干土壤：将土壤样品在无菌条件下风干，避免阳光直射和高温。

（2）研磨过筛：使用无菌研钵和研杵将土壤样品研磨成细粉，过 2 mm 孔径筛，去除大颗粒和杂质。

（3）测定 pH 值：取 5 g 土壤样品，加入 25 mL 无菌蒸馏水，搅拌后静置 30 min，用 pH 值计测定土壤 pH 值。

3.16.4.3 土壤悬液制备

（1）称取土壤：称取 10 g 过筛后的土壤样品，加入 90 mL 无菌蒸馏水，制成 10% 土壤悬液。

（2）振荡混合：将土壤悬液放入恒温振荡器中，以 150 r/min 振荡 30 min，使土壤颗粒充分分散。

（3）静置沉淀：将振荡后的土壤悬液静置 30 min，使大颗粒沉淀。

（4）取上清液：用无菌移液管取上清液，作为土壤悬液备用。

3.16.4.4 固氮菌分离

（1）准备培养基：配制 Ashby 培养基（或其他无氮培养基），分装到无菌培养皿中，冷却凝固。

（2）涂布接种：用无菌移液管取 1 mL 土壤悬液，均匀涂布在 Ashby 培养基表面。可进行梯度稀释（10^{-1}、10^{-2}、10^{-3} 等），以获取单菌落。

(3) 培养：将培养皿倒置，放入28 ℃恒温培养箱中培养5～7 d。

3.16.4.5 固氮菌计数

(1) 观察菌落：培养结束后，观察培养皿中菌落的形态、颜色、大小等特征。

(2) 计数菌落：使用无菌计数器统计菌落数量，计算每克土壤中的固氮菌数量。公式如下：

$$固氮菌数量(CFU/g) = 菌落数 \times 稀释倍数 \times 10 \tag{3-27}$$

(3) 挑取菌落：用无菌接种环挑取典型菌落，进行革兰染色和显微镜观察。

3.16.4.6 固氮菌鉴定

A 革兰染色

(1) 涂片：将菌落涂布在载玻片上，固定。

(2) 染色：依次滴加结晶紫、碘液、乙醇、番红，观察染色结果。

(3) 镜检：在显微镜下观察菌体形态（如杆状、球状）和染色特性（革兰氏阳性或阴性）。

B 生理生化鉴定

进行固氮菌的生理生化试验，如碳源利用、氮源利用、产酸产气试验等。

3.16.4.7 固氮能力测定

(1) 接种培养：挑取典型菌落，接种到新的Ashby培养基中，28 ℃培养3 d。

(2) 测定氮含量：

1) 使用凯氏定氮法测定培养基中的氮含量。

2) 使用分光光度计测定培养基中的氨态氮或硝态氮含量。

(3) 计算固氮能力：根据氮含量变化，计算固氮菌的固氮效率。

3.16.4.8 实验数据分析

(1) 记录数据：记录不同土壤样品中固氮菌的数量、形态特征及固氮能力。

(2) 统计分析：使用统计软件（如Excel、SPSS）进行数据分析，比较不同土壤样品中固氮菌的差异。

(3) 绘制图表：绘制柱状图、折线图等，展示固氮菌数量和固氮能力的变化趋势。

3.16.5 注意事项

(1) 配制无氮培养基时，需严格按照配方称量，确保不含氮源（如蛋白胨、牛肉膏），并通过空白对照（未接种培养基）验证无菌性，避免非固氮菌因培养基残留氮源异常生长。

（2）固氮菌多为需氧或兼性厌氧菌，培养时需保持培养基通气性（如试管棉塞不宜过紧），避免厌氧环境抑制生长。

（3）固氮能力测定前，需通过革兰染色和镜检排除杂菌，确保单菌落纯培养。

3.16.6 思考题

（1）在实验中，温度、湿度、pH值等环境因素如何影响土壤固氮菌的固氮效率，如何通过实验设计优化这些条件以提高固氮菌的活性？

（2）固氮菌如何与植物根系形成共生关系？在实验中，如何验证固氮菌对植物生长的促进作用，能否通过实验设计区分固氮菌的直接固氮作用和其他可能的促生长机制？

（3）不同种类的固氮菌在固氮能力和适应性上是否存在显著差异？如何通过实验方法（如分子生物学技术）鉴定土壤中固氮菌的多样性，并比较其固氮效率？

3.17 土壤产甲烷菌和甲烷氧化菌测定

3.17.1 实验目的

（1）掌握土壤中产甲烷菌和甲烷氧化菌的分离纯化方法，及其分布、数量以及其活性测定方法。

（2）研究温度、pH值、土壤有机质含量、含水率等环境因子对产甲烷菌和甲烷氧化菌活性的影响，评估两类菌群在不同生境下对土壤甲烷通量的调控机制。

3.17.2 实验原理

土壤产甲烷菌和甲烷氧化菌实验的基本原理是：通过分离和培养土壤中的产甲烷菌和甲烷氧化菌，研究它们在碳循环中的作用。产甲烷菌在厌氧条件下将简单有机物（如乙酸、H_2、CO_2）转化为甲烷（CH_4），甲烷氧化菌则在有氧条件下将甲烷氧化为二氧化碳（CO_2）和水（H_2O）。实验通常包括在不同氧条件下培养土壤样品，通过气相色谱等技术测定甲烷的产生或消耗速率，并结合分子生物学方法（如PCR、测序）鉴定相关微生物群落，以揭示其在土壤碳循环中的功能及环境影响因素。

3.17.3 实验材料

（1）土壤样品：来自湿地、稻田、草地等。

（2）试剂和培养基：无菌蒸馏水、无菌培养基、产甲烷菌培养基（如Hungate培养基）、甲烷氧化菌培养基（如硝酸盐矿物盐培养基）、无菌染色剂（如革兰染色剂）、无菌生理盐水（0.85% NaCl）。

（3）器材：无菌培养皿、无菌移液管、无菌玻璃棒、无菌滤纸、无菌试管、pH值计、天平、恒温振荡器、气相色谱仪、分光光度计、厌氧工作站、无菌接种环、无菌离心管、无菌离心机、无菌恒温培养箱、厌氧培养系统（用于产甲烷菌）、无菌显微镜油、无菌计数器。

3.17.4 实验内容

3.17.4.1 土壤样品采集

（1）选择采样点：选择不同地点（如湿地、稻田、草地等）或不同深度（如0~10 cm、10~20 cm）的土壤样品。

（2）采样方法：使用无菌铲子或土钻采集土壤样品，每个采样点采集3~5份重复样品。

（3）记录信息：记录采样点的经纬度、植被类型、土壤类型、采样深度、采样时间等信息。

（4）保存样品：将土壤样品装入无菌袋中，密封后标记编号，尽快带回实验室。

3.17.4.2 土壤样品处理

（1）风干土壤：将土壤样品在无菌条件下风干，避免阳光直射和高温。

（2）研磨过筛：使用无菌研钵和研杵将土壤样品研磨成细粉，过2 mm孔径筛，去除大颗粒和杂质。

（3）测定pH值：取5 g土壤样品，加入25 mL无菌蒸馏水，搅拌后静置30 min，用pH值计测定土壤pH值。

3.17.4.3 土壤悬液制备

（1）称取土壤：称取10 g过筛后的土壤样品，加入90 mL无菌蒸馏水，制成10%土壤悬液。

（2）振荡混合：将土壤悬液放入恒温振荡器中，以150 r/min振荡30 min，使土壤颗粒充分分散。

（3）静置沉淀：将振荡后的土壤悬液静置30 min，使大颗粒沉淀。

（4）取上清液：用无菌移液管取上清液，作为土壤悬液备用。

3.17.4.4 产甲烷菌分离与培养

（1）准备培养基：配制Hungate培养基（或其他产甲烷菌培养基），分装到无菌试管中，充入无氧气体（如N_2或CO_2）。

（2）接种：用无菌移液管取1 mL土壤悬液，接种到Hungate培养基中。

(3) 培养：将接种后的试管放入厌氧培养系统中，在 37 ℃培养 7 ~ 14 d。

(4) 观察：培养基中是否有气泡产生（甲烷气体）。

3.17.4.5 甲烷氧化菌的分离与培养

(1) 准备培养基：配制硝酸盐矿物盐培养基（或其他甲烷氧化菌培养基），分装到无菌培养皿中。

(2) 接种：用无菌移液管取 1 mL 土壤悬液，均匀涂布在培养基表面。

(3) 培养：将培养皿放入 28 ℃恒温培养箱中培养 7 ~ 10 d。

(4) 观察：培养基中是否有菌落生长。

3.17.4.6 微生物计数

(1) 产甲烷菌计数：

1) 使用最可能数法（MPN 法）估算产甲烷菌数量。

2) 记录产生气泡的试管数量，查 MPN 表计算产甲烷菌数量。

(2) 甲烷氧化菌计数：

1) 使用平板计数法统计菌落数量。

2) 计算每克土壤中的甲烷氧化菌数量。

3.17.4.7 微生物活性测定

(1) 产甲烷菌活性测定：

1) 使用气相色谱仪测定培养液中甲烷浓度。

2) 计算产甲烷速率 [μmol CH_4/(g 土壤/d)]。

(2) 甲烷氧化菌活性测定：

1) 使用分光光度计测定培养液中亚硝酸盐或硝酸盐浓度。

2) 计算甲烷氧化速率 [μmol CH_4/(g 土壤/d)]。

3.17.4.8 数据分析

(1) 记录数据：记录不同土壤样品中甲烷菌和甲烷氧化菌的数量及活性。

(2) 统计分析：使用统计软件（如 Excel、SPSS）进行数据分析，比较不同土壤样品中微生物的差异。

(3) 绘制图表：绘制柱状图、折线图等，展示微生物数量和活性的变化趋势。

3.17.5 注意事项

(1) 无菌操作：实验过程中严格保持无菌操作，避免污染。

(2) 厌氧条件：产甲烷菌培养需在严格厌氧条件下进行，确保培养基和培养系统无氧。

(3) 样品保存：土壤样品采集后应尽快处理，避免长时间存放导致微生物活性下降。

(4) 数据记录：详细记录实验数据，确保实验结果的准确性和可重复性。

3.17.6 思考题

(1) 在实验中，如何通过调控温度、湿度、pH 值和氧气浓度等环境因素，研究其对产甲烷菌和甲烷氧化菌活性的影响，这些因素如何共同作用以调节土壤中甲烷的净排放量?

(2) 产甲烷菌和甲烷氧化菌在土壤中是否存在空间或功能上的相互作用，如何通过实验设计（如共培养或分区培养）来研究这两种微生物群落的竞争、共生或抑制关系?

(3) 同类型的土壤（如湿地、农田、森林）中，甲烷菌和甲烷氧化菌的群落组成和功能是否存在显著差异，如何通过实验结合分子生态学技术（如高通量测序）揭示土壤类型对甲烷代谢微生物的影响?

3.18 土壤（根际）微生物测定

3.18.1 实验目的

(1) 掌握植物根际微生物的种类鉴定和数量统计方法。

(2) 掌握根际微生物对植物生长和土壤健康的影响评价方法。

3.18.2 实验原理

土壤根际微生物的基本原理是：研究植物根系与周围土壤微生物之间的相互作用及其生态功能。根际是受植物根系分泌物影响的特殊微区域，富含糖类、氨基酸和有机酸等物质，为微生物提供了丰富的营养和能量来源。根际微生物通过分解有机物、固氮、溶磷、分泌植物激素等方式促进植物生长，同时植物根系分泌物也会选择性富集特定微生物群落。通过分析根际微生物的多样性、功能及其与植物的相互作用机制，可以揭示其在养分循环、植物健康及土壤生态系统稳定性中的作用。

3.18.3 实验材料

(1) 植物样品：小麦、玉米、水稻等。

(2) 土壤样品：根际、非根际（对照）。

(3) 试剂和无菌蒸馏水、无菌培养皿、无菌移液管（1 mL、5 mL、10 mL）、无菌玻璃棒、无菌滤纸、无菌试管、无菌培养基（如 LB 培养基、TSA 培养基）、无菌接种环、无菌离心管（15 mL、50 mL）、无菌离心机、无菌恒温培养箱、无菌显微镜、无菌载玻片和盖玻片、无菌染色剂（如革兰染色剂）、无菌显微镜油、无菌计数器、无菌生理盐水（0.85% NaCl）、无菌镊子、无菌酒精灯。

（4）器材：pH 值计、天平、恒温振荡器、分光光度计、PCR 仪、电泳仪、高通量测序仪。

3.18.4 实验内容

3.18.4.1 土壤样品采集

（1）选择采样点：选择种植目标植物的农田或实验地块。

（2）采样方法：使用无菌铲子或土钻采集根际土壤样品（紧贴根系的土壤）。采集非根际土壤样品（距离根系 5 ~ 10 cm 的土壤）作为对照。记录采样点的经纬度、植物种类、土壤类型、采样深度、采样时间等信息。将土壤样品装入无菌袋中，密封后标记编号，尽快带回实验室。

3.18.4.2 土壤样品处理

（1）风干土壤：将土壤样品在无菌条件下风干，避免阳光直射和高温。

（2）研磨过筛：使用无菌研钵和研杵将土壤样品研磨成细粉，过 2 mm 孔径筛，去除大颗粒和杂质。

（3）测定 pH 值：取 5 g 土壤样品，加入 25 mL 无菌蒸馏水，搅拌后静置 30 min，用 pH 值计测定土壤 pH 值。

3.18.4.3 土壤悬液制备

称取 10 g 过筛后的土壤样品，加入 90 mL 无菌蒸馏水，制成 10% 土壤悬液。将土壤悬液放入恒温振荡器中，以 150 r/min 振荡 30 min，使土壤颗粒充分分散。将振荡后的土壤悬液静置 30 min，使大颗粒沉淀。用无菌移液管取上清液，作为土壤悬液备用。

3.18.4.4 微生物分离与培养

（1）准备培养基：配制 LB 培养基或 TSA 培养基，分装到无菌培养皿中，冷却凝固。

（2）接种：用无菌移液管取 1 mL 土壤悬液，均匀涂布在培养基表面。可进行梯度稀释（10^{-1}、10^{-2}、10^{-3}等）以获取单菌落。

（3）培养：将培养皿倒置，放入 28 ℃恒温培养箱中培养 2 ~ 5 d。

3.18.4.5 微生物计数

（1）观察菌落：培养结束后，观察培养皿中菌落的形态、颜色、大小等特征。

（2）计数菌落：使用无菌计数器统计菌落数量，计算每克土壤中的微生物数量，公式如下。

$$\text{微生物数量(CFU/g)} = \text{菌落数} \times \text{稀释倍数} \times 10 \tag{3-28}$$

（3）挑取菌落：用无菌接种环挑取典型菌落，进行革兰染色和显微镜观察。

3.18.4.6 微生物鉴定

A 革兰染色

(1) 涂片：将菌落涂布在载玻片上，固定。

(2) 染色：依次滴加结晶紫、碘液、乙醇、番红，观察染色结果。

(3) 镜检：在显微镜下观察菌体形态（如杆状、球状）和染色特性（革兰氏阳性或阴性）。

B 分子生物学鉴定

(1) 提取 DNA：使用 DNA 提取试剂盒提取微生物 DNA。

(2) PCR 扩增：使用 16S rRNA 基因通用引物进行 PCR 扩增。

(3) 电泳分析：通过琼脂糖凝胶电泳检测 PCR 产物。

(4) 测序分析：将 PCR 产物送高通量测序，分析微生物多样性。

3.18.4.7 微生物功能测定

A 酶活性测定

(1) 测定土壤中脲酶、磷酸酶、纤维素酶等酶活性。

(2) 使用分光光度计测定酶反应产物的吸光度，计算酶活性。

B 碳源利用测定

(1) 使用 Biolog ECO 板测定微生物对不同碳源的利用能力。

(2) 记录吸光度变化，分析微生物代谢活性。

3.18.4.8 数据分析

(1) 记录数据：记录不同土壤样品中微生物的数量、形态特征及功能活性。

(2) 统计分析：使用统计软件（如 Excel、SPSS）进行数据分析，比较根际和非根际土壤中微生物的差异。

(3) 绘制图表：绘制柱状图、折线图等，展示微生物数量和功能活性的变化趋势。

3.18.5 注意事项

(1) 实验过程中严格保持无菌操作，避免污染。

(2) 土壤样品采集后应尽快处理，避免长时间存放导致微生物活性下降。

(3) 根据实验目的选择合适的培养基，如 LB 培养基适用于细菌分离。

(4) 控制培养温度和时间，避免过度生长或生长不足。

(5) 详细记录实验数据，确保实验结果的准确性和可重复性。

3.18.6 思考题

(1) 植物根系分泌物的种类和数量如何影响根际微生物的群落结构和功能，

能否通过实验设计（如不同植物种类或生长阶段）研究根系分泌物与微生物群落之间的特异性互作关系？

（2）根际微生物如何帮助植物应对生物胁迫（如病原菌）和非生物胁迫（如干旱、盐胁迫），能否通过实验筛选出具有增强植物抗逆性的关键微生物，并探究其作用机制？

（3）根际微生物如何参与土壤中的碳、氮、磷等养分循环，能否通过实验结合稳定同位素标记或功能基因分析，量化根际微生物在养分转化和植物吸收中的贡献？

3.19 植物根内微生物测定

3.19.1 实验目的

（1）掌握植物根内微生物的种类鉴定和数量统计方法。

（2）熟悉根内微生物对植物生长和健康的影响评价方法。

3.19.2 实验原理

植物根内微生物实验的基本原理是：通过分离和鉴定植物根组织内的内生微生物（如细菌、真菌），研究其在植物生长、抗逆性和养分吸收中的作用。实验通常包括表面消毒根样品以去除附生微生物，随后通过培养或分子生物学方法（如高通量测序），分析根内微生物的多样性和功能。通过比较不同植物种类、生长条件或胁迫环境下的根内微生物群落，揭示其与植物的互作机制及其在生态系统中的功能。

3.19.3 实验材料

（1）植物样品：如小麦、玉米、水稻等。

（2）试剂：无菌蒸馏水、无菌染色剂（如革兰染色剂）、无菌显微镜油、无菌生理盐水（0.85% NaCl）、DNA 提取试剂盒、PCR 试剂盒、电泳试剂（琼脂糖、TAE 缓冲液、DNA 染料）、无菌培养基（如 LB 培养基、TSA 培养基）。

（3）器材：无菌培养皿、无菌移液管、无菌玻璃棒、无菌滤纸、无菌试管、无菌接种环、无菌离心管、无菌离心机、无菌恒温培养箱、无菌显微镜、无菌载玻片和盖玻片、无菌计数器、无菌镊子、无菌酒精灯、无菌记号笔、无菌手术刀、无菌研磨器、pH 值计、天平、恒温振荡器、分光光度计、PCR 仪、电泳仪、高通量测序仪。

3.19.4 实验内容

3.19.4.1 植物样品采集方法

选择种植目标植物的农田或实验地块采样：

（1）使用无菌铲子采集植物根系，尽量保持根系完整。

（2）采集植物地上部分（如茎、叶）作为对照。

（3）记录信息：采样点的经纬度、植物种类、土壤类型、采样时间等信息。

（4）保存样品：将植物样品装入无菌袋中，密封后标记编号，尽快带回实验室。

3.19.4.2 植物样品处理

（1）用无菌蒸馏水冲洗根系，去除表面土壤和杂质。

（2）表面消毒：将根系浸泡在70%乙醇中1 min，转移至5%次氯酸钠溶液中浸泡5 min，用无菌蒸馏水冲洗3次，去除消毒剂残留。

（3）切割根系：使用无菌手术刀将根系切成小段（约0.5 cm长）。

3.19.4.3 根内微生物分离

（1）研磨根系：将根系小段放入无菌研磨器中，加入1 mL无菌生理盐水，研磨成匀浆。

（2）制备悬液：将研磨后的匀浆转移至无菌离心管中，加入9 mL无菌生理盐水，制成10%根系悬液。

（3）振荡混合：将根系悬液放入恒温振荡器中，以150 r/min振荡30 min，使微生物充分分散。

（4）静置沉淀：将振荡后的根系悬液静置10 min，使大颗粒沉淀。

（5）取上清液：用无菌移液管取上清液，作为根系悬液备用。

3.19.4.4 微生物分离与培养

（1）准备培养基：配制LB培养基或TSA培养基，分装到无菌培养皿中，冷却凝固。

（2）接种：用无菌移液管取1 mL根系悬液，均匀涂布在培养基表面。

（3）培养：将培养皿倒置，放入28 ℃恒温培养箱中培养2~5 d。

3.19.4.5 微生物计数

（1）观察菌落：培养结束后，观察培养皿中菌落的形态、颜色、大小等特征。

（2）计数菌落：使用无菌计数器统计菌落数量，计算每克根系中的微生物数量，公式如下。

$$\text{微生物数量(CFU/g)} = \text{菌落数} \times \text{稀释倍数} \times 10 \tag{3-29}$$

（3）挑取菌落：用无菌接种环挑取典型菌落，进行革兰染色和显微镜观察。

3.19.4.6 微生物鉴定

A 革兰染色

（1）涂片：将菌落涂布在载玻片上，固定。

（2）染色：依次滴加结晶紫、碘液、乙醇、番红，观察染色结果。

（3）镜检：在显微镜下观察菌体形态（如杆状、球状）和染色特性（革兰氏阳性或阴性）。

B 分子生物学鉴定

（1）提取 DNA：使用 DNA 提取试剂盒提取微生物 DNA。

（2）PCR 扩增：使用 16S rRNA 基因通用引物进行 PCR 扩增。

（3）电泳分析：通过琼脂糖凝胶电泳检测 PCR 产物。

（4）测序分析：将 PCR 产物送高通量测序，分析微生物多样性。

3.19.4.7 微生物功能测定

A 酶活性测定

（1）测定根系中脲酶、磷酸酶、纤维素酶等酶活性。

（2）使用分光光度计测定酶反应产物的吸光度，计算酶活性。

B 代谢产物测定

使用高效液相色谱（HPLC）或气相色谱-质谱联用（GC-MS）测定根系中微生物代谢产物（如有机酸、激素等）。

3.19.4.8 数据分析

（1）记录数据：不同植物样品中微生物的数量、形态特征及功能活性。

（2）统计分析：使用统计软件（如 Excel、SPSS）进行数据分析，比较根内微生物的差异。

（3）绘制图表：绘制柱状图、折线图等，展示微生物数量和功能活性的变化趋势。

3.19.5 注意事项

（1）无菌操作：实验过程中严格保持无菌操作，避免污染。

（2）样品保存：植物样品采集后应尽快处理，避免长时间存放导致微生物活性下降。

（3）培养基选择：根据实验目的选择合适的培养基，如 LB 培养基适用于细菌分离。

（4）培养条件：控制培养温度和时间，避免过度生长或生长不足。

（5）数据记录：详细记录实验数据，确保实验结果的准确性和可重复性。

3.19.6 思考题

（1）植物根内微生物是如何突破根系屏障并成功定殖的，能否通过实验设计（如标记微生物或基因编辑技术）研究微生物定殖的关键步骤及其与植物免疫系统的相互作用?

（2）根内微生物如何通过产生植物激素、固氮、溶磷或抑制病原菌等方式促进植物生长和健康，能否通过实验筛选出具有显著促生功能的根内微生物，并解析其作用机制?

（3）在干旱、盐胁迫或病原菌侵染等环境胁迫下，植物根内微生物的群落结构和功能会发生怎样的变化，能否通过实验结合多组学技术（如宏基因组学、代谢组学）揭示根内微生物在植物抗逆性中的作用?

3.20 植物根面微生物测定

3.20.1 实验目的

（1）掌握植物根面微生物的种类鉴定和数量统计方法。

（2）熟悉根面微生物对植物生长和健康的影响评价方法。

3.20.2 实验原理

植物根面微生物实验的基本原理是：通过研究植物根系表面（根面）附生微生物的群落结构、功能及其与植物的相互作用，揭示其在植物生长、养分吸收和抗逆性中的作用。实验通常包括采集植物根系，通过表面清洗或直接分离根面微生物，利用培养或分子生物学方法（如高通量测序）分析微生物多样性及其功能基因。通过比较不同植物种类、生长条件或环境胁迫下的根面微生物群落，探讨其与植物的互相作用机制及其在生态系统中的功能。

3.20.3 实验材料

（1）植物样品：如小麦、玉米、水稻等。

（2）试剂：无菌蒸馏水、无菌染色剂（如革兰染色剂）、无菌显微镜油、无菌生理盐水（0.85% NaCl）、无菌培养基（如 LB 培养基、TSA 培养基）、DNA 提取试剂盒、PCR 试剂盒、电泳试剂（琼脂糖、TAE 缓冲液、DNA 染料）。

（3）器材：无菌培养皿、无菌移液管（1 mL、5 mL、10 mL）、无菌玻璃棒、无菌滤纸、无菌试管、无菌接种环、无菌离心管（15 mL、50 mL）、无菌离心机、无菌恒温培养箱、无菌显微镜、无菌载玻片和盖玻片、无菌计数器、无菌镊子、无菌酒精灯、无菌记号笔、无菌手术刀、无菌研磨器、pH 值计、天平、恒温振荡器、分光光度计、PCR 仪、电泳仪、高通量测序仪。

3.20.4 实验内容

3.20.4.1 植物样品采集

选择种植目标植物的农田或实验地块采样：

（1）使用无菌铲子采集植物根系，尽量保持根系完整。

（2）采集植物地上部分（如茎、叶）作为对照。

（3）记录信息：采样点的经纬度、植物种类、土壤类型、采样时间等信息。

（4）保存样品：将植物样品装入无菌袋中，密封后标记编号，尽快带回实验室。

3.20.4.2 植物样品处理

（1）清洗根系：用无菌蒸馏水冲洗根系，去除表面土壤和杂质。

（2）表面消毒：

1）将根系浸泡在 70% 乙醇中 1 min。

2）转移至 5% 次氯酸钠溶液中浸泡 5 min。

3）用无菌蒸馏水冲洗 3 次，去除消毒剂残留。

（3）切割根系：使用无菌手术刀将根系切成小段（约 0.5 cm 长）。

3.20.4.3 根面微生物分离

（1）振荡洗脱：将根系小段放入无菌离心管中，加入 10 mL 无菌生理盐水。

（2）振荡混合：将离心管放入恒温振荡器中，以 150 r/min 振荡 30 min，使根面微生物充分洗脱。

（3）静置沉淀：将振荡后的悬液静置 10 min，使大颗粒沉淀。

（4）取上清液：用无菌移液管取上清液，作为根面微生物悬液备用。

3.20.4.4 微生物的分离与培养

（1）准备培养基：配制 LB 培养基或 TSA 培养基，分装到无菌培养皿中，冷却凝固。

（2）接种：用无菌移液管取 1 mL 根面微生物悬液，均匀涂布在培养基表面。可进行梯度稀释（10^{-1}、10^{-2}、10^{-3}等），以获取单菌落。

（3）培养：将培养皿倒置，放入 28 ℃恒温培养箱中培养 2 ~5 d。

3.20.4.5 微生物计数

（1）观察菌落：培养结束后，观察培养皿中菌落的形态、颜色、大小等特征。

（2）计数菌落：使用无菌计数器统计菌落数量，计算每克根系中的微生物数量，公式如下。

$$微生物数量(CFU/g) = 菌落数 \times 稀释倍数 \times 10 \tag{3-30}$$

(3) 挑取菌落：用无菌接种环挑取典型菌落，进行革兰染色和显微镜观察。

3.20.4.6 微生物鉴定

A 革兰染色

(1) 涂片：将菌落涂布在载玻片上，固定。

(2) 染色：依次滴加结晶紫、碘液、乙醇、番红，观察染色结果。

(3) 镜检：在显微镜下观察菌体形态（如杆状、球状）和染色特性（革兰氏阳性或阴性）。

B 分子生物学鉴定

(1) 提取 DNA：使用 DNA 提取试剂盒提取微生物 DNA。

(2) PCR 扩增：使用 16S rRNA 基因通用引物进行 PCR 扩增。

(3) 电泳分析：通过琼脂糖凝胶电泳检测 PCR 产物。

(4) 测序分析：将 PCR 产物送高通量测序，分析微生物多样性。

3.20.4.7 微生物功能测定

A 酶活性测定

(1) 测定根面微生物产生的脲酶、磷酸酶、纤维素酶等酶活性。

(2) 使用分光光度计测定酶反应产物的吸光度，计算酶活性。

B 代谢产物测定

使用高效液相色谱（HPLC）或气相色谱-质谱联用（GC-MS），测定根面微生物代谢产物（如有机酸、激素等）。

3.20.4.8 数据分析

(1) 记录数据：不同植物样品中微生物的数量、形态特征及功能活性。

(2) 统计分析：使用统计软件（如 Excel、SPSS）进行数据分析，比较根面微生物的差异。

(3) 绘制图表：绘制柱状图、折线图等，展示微生物数量和功能活性的变化趋势。

3.20.5 注意事项

(1) 实验过程中严格保持无菌操作，避免污染。

(2) 植物样品采集后应尽快处理，避免长时间存放导致微生物活性下降。

(3) 根据实验目的选择合适的培养基，如 LB 培养基适用于细菌分离。

(4) 控制培养温度和时间，避免过度生长或生长不足。

(5) 详细记录实验数据，确保实验结果的准确性和可重复性。

3.20.6 思考题

（1）植物根面微生物是如何在根系表面成功定殖并形成稳定群落的，能否通过实验设计（如标记微生物或共培养）研究不同微生物之间的竞争、协作及其对定殖效率的影响？

（2）根面微生物如何通过溶磷、固氮或分泌植物激素等方式增强植物对养分的吸收，能否通过实验结合稳定同位素标记或代谢组学技术，量化根面微生物在植物养分获取中的贡献？

（3）在干旱、盐胁迫或病原菌侵染等环境胁迫下，植物根面微生物的群落结构和功能会发生怎样的变化，能否通过实验揭示根面微生物在植物抗逆性中的潜在作用及其调控机制？

3.21 动物肠道微生物测定

3.21.1 实验目的

（1）掌握动物肠道微生物的采样、分离培养及多样性分析方法。

（2）学习运用分子生物学技术（PCR、高通量测序）解析肠道微生物群落结构。

（3）熟悉功能微生物（如产短链脂肪酸菌、益生菌）的筛选与活性测定方法。

（4）理解肠道微生物与宿主健康、营养代谢的关联机制。

3.21.2 实验原理

动物肠道微生物是宿主肠道生态系统的重要组成部分，通过与宿主形成共生关系，在营养代谢、免疫调节、能量获取等方面发挥关键作用。其群落结构和功能的变化与宿主健康、疾病发生（如肠炎、代谢综合征）及环境适应（如饮食、药物干预）密切相关。本实验首先利用选择性培养基分离培养可培养菌群，通过菌落形态、革兰染色等初步鉴定类群，提取肠道微生物总 DNA，利用细菌 16S rRNA 基因 V3-V4 区通用引物（如 338F/806R）进行 PCR 扩增，获取菌群基因片段。通过 Illumina 平台测序，经 QIIME2 软件进行数据质控、OTU 聚类及多样性分析，结合 PICRUSt2 预测菌群功能通路。

通过底物特异性培养基（如产短链脂肪酸菌以乙酸钠为唯一碳源）筛选目标功能菌，结合气相色谱（GC）测定代谢产物（如乙酸、丙酸含量），评估其代谢活性。

3.21.3 实验材料

（1）样品：动物（如小鼠、大鼠、蛙类等）肠道内容物或黏膜样本。

（2）试剂和培养基：DNA 提取试剂盒（如 Omega 肠道微生物 DNA 提取试剂盒）、PCR 预混液、引物（338F/806R，带 Barcode）、MRS 培养基、脑心浸液培养基、选择性培养基（含抗生素）。

（3）器材：无菌移液枪头、离心管、96 孔板、气相色谱柱（如 HP-INNOWAX）、无菌采样工具（解剖器械、无菌拭子、冻存管）、厌氧培养箱（厌氧袋）、恒温培养箱、高速离心机、PCR 仪、凝胶电泳装置、核酸定量仪、气相色谱仪（配 FID 检测器）。

（4）平台：高通量测序平台（Illumina MiSeq）、生物信息分析工作站（R 语言、QIIME2 软件）。

3.21.4 实验内容

3.21.4.1 样本采集与预处理

（1）采样：无菌条件下取动物肠道内容物或黏膜样本（如小鼠肠道取中段内容物约 0.5 g），立即加入 2 mL 无菌 PBS 缓冲液，涡旋混匀制成悬液。

（2）梯度稀释：取 100 μL 肠道悬液，依次稀释梯度至 $10^{-1} \sim 10^{-6}$，用于平板涂布与培养。

3.21.4.2 传统培养与初步鉴定

（1）平板涂布：取 100 μL 各梯度悬液涂布于 MRS 培养基（需厌氧培养的样本使用厌氧袋），37 ℃培养 48 ~ 72 h。

（2）菌落观察：记录菌落形态（大小、颜色、边缘），挑取单菌落进行革兰染色，显微镜观察菌体形态（杆状/球状、革兰氏阴阳属性）。

3.21.4.3 分子生物学检测

（1）DNA 提取：取 200 mg 肠道内容物，按 DNA 提取试剂盒步骤提取总 DNA，NanoDrop 检测浓度（OD_{260}/OD_{280} 应在 1.8 ~ 2.0 之间）。

（2）PCR 扩增：

1）反应体系（25 μL）：2 × Taq Mix 12.5 μL，上下游引物（10 μmol/L）各 1 μL，DNA 模板 2 μL，纯水（H_2O）8.5 μL。

2）程序：95 ℃预变性 5 min；95 ℃变性 30 s，55 ℃退火 30 s，72 ℃延伸 30 s，共 30 个循环；72 ℃终延伸 10 min。

3）测序与数据分析：PCR 产物纯化后构建测序文库，Illumina 平台双端测序（2 × 300 bp）。

4）数据处理：QIIME2 去除低质量序列，聚类 OTU（97% 相似度），计算 α-

多样性（Shannon、Simpson 指数）与 β-多样性（Bray-Curtis 距离），通过 LEfSe 分析差异菌群。

3.21.4.4 功能菌筛选与活性测定

产短链脂肪酸菌筛选：将肠道悬液涂布于以乙酸钠为唯一碳源的选择性培养基，37 ℃厌氧培养 72 h，挑取菌落进行纯培养。

代谢产物测定：收集菌液离心，取上清液经 0.22 μm 滤膜过滤，气相色谱检测短链脂肪酸（SCFAs）含量［条件：柱温 180 ℃，进样口 250 ℃，载气（N_2）流速 1 mL/min，进样量 1 μL］。

3.21.5 注意事项

无菌操作：采样及后续操作需在超净台进行，避免外源污染；厌氧培养需严格控制氧气浓度（氧气含量<0.1%）。

样本保存：新鲜样本若无法立即处理，需冻存于 −80 ℃，避免反复冻融导致 DNA 降解。

数据质控：高通量测序前需确保 PCR 产物单一明亮，避免非特异性扩增；QIIME2 分析时过滤低丰度 OTU（丰度<0.001%）。

3.21.6 思考题

（1）为何肠道微生物检测需同时采用培养法与高通量测序？

（2）两种方法的互补性体现在哪些方面？

（3）若测序结果显示某样本乳酸菌丰度显著下降，可通过哪些实验验证其与宿主腹泻的关联性？

（4）如何通过实验设计区分肠道微生物的“共生作用”与“致病作用”？试举例说明。

3.22 动物皮肤微生物测定

3.22.1 实验目的

（1）掌握动物皮肤微生物的种类鉴定和数量统计方法。

（2）熟悉皮肤微生物对动物健康和免疫的影响评价方法。

3.22.2 实验原理

动物皮肤微生物实验的基本原理是：通过采集动物皮肤表面的微生物样本，分析其群落结构、功能及其与宿主的相互作用，揭示其在皮肤健康、免疫防御和疾病中的作用。实验通常利用高通量测序、培养技术或代谢组学方法，研究皮肤微生物的多样性、功能基因及其代谢产物，并通过比较不同环境、健康状况或宿主种类下的微生物群落变化，探讨皮肤微生物对宿主生理和疾病的影响及其潜在调控机制。

3.22.3 实验材料

（1）动物样品：如小鼠、大鼠、猪、狗等。

（2）试剂：无菌生理盐水（0.85% NaCl）、无菌 PBS 缓冲液（pH 值为 7.4）、无菌染色剂（如革兰染色剂）、无菌显微镜油、无菌培养基（如 LB 培养基、TSA 培养基、MRS 培养基）、DNA 提取试剂盒、PCR 试剂盒、电泳试剂（琼脂糖、TAE 缓冲液、DNA 染料）。

（3）器材：无菌棉签或拭子、无菌培养皿、无菌移液管（1 mL、5 mL、10 mL）、无菌玻璃棒、无菌滤纸、无菌试管、无菌接种环、无菌离心管（15 mL、50 mL）、无菌离心机、无菌恒温培养箱、无菌显微镜、无菌载玻片和盖玻片、无菌计数器、无菌镊子、无菌酒精灯、无菌记号笔、pH 值计、天平、恒温振荡器、分光光度计、PCR 仪、电泳仪、高通量测序仪（用于微生物多样性分析）。

3.22.4 实验内容

3.22.4.1 动物样品采集

选择健康或特定处理的动物，如小鼠、大鼠、猪、狗等。

（1）使用无菌棉签或拭子，在动物皮肤表面（如背部、腹部）轻轻擦拭，采集皮肤微生物。

（2）每个采样点采集 3～5 份重复样品。

（3）记录信息：动物的种类、年龄、性别、饲养条件、采样部位、采样时间等信息。

（4）保存样品：将棉签或拭子装入无菌离心管中，密封后标记编号，尽快处理或冷冻保存（－80 ℃）。

3.22.4.2 皮肤微生物悬液制备

（1）洗脱微生物：将棉签或拭子放入无菌离心管中，加入 1 mL 无菌 PBS 缓冲液。

（2）振荡混合：将离心管放入恒温振荡器中，以 150 r/min 振荡 10 min，使皮肤微生物充分洗脱。

（3）静置沉淀：将振荡后的悬液静置 5 min，使大颗粒沉淀。

（4）取上清液：用无菌移液管取上清液，作为皮肤微生物悬液备用。

3.22.4.3 微生物分离与培养

(1) 准备培养基：配制 LB 培养基（用于细菌）、TSA 培养基（用于细菌）、MRS 培养基（用于乳酸菌）等，分装到无菌培养皿中，冷却凝固。

(2) 接种：

1）用无菌移液管取 100 μL 皮肤微生物悬液，均匀涂布在培养基表面。

2）可进行梯度稀释（10^{-1}、10^{-2}、10^{-3}等），以获取单菌落。

3）培养：将培养皿倒置，放入 37 ℃恒温培养箱中培养 24～48 h。

3.22.4.4 微生物计数

(1) 观察菌落：培养结束后，观察培养皿中菌落的形态、颜色、大小等特征。

(2) 计数菌落：使用无菌计数器统计菌落数量，计算每平方厘米皮肤中的微生物数量，公式如下。

$$\text{微生物数量}(\mathrm{CFU/cm^2}) = \text{菌落数} \times \text{稀释倍数} \times 10 \tag{3-31}$$

(3) 挑取菌落：用无菌接种环挑取典型菌落，进行革兰染色和显微镜观察。

3.22.4.5 微生物鉴定

A 革兰染色

(1) 涂片：将菌落涂布在载玻片上，固定。

(2) 染色：依次滴加结晶紫、碘液、乙醇、番红，观察染色结果。

(3) 镜检：在显微镜下观察菌体形态（如杆状、球状）和染色特性（革兰氏阳性或阴性）。

B 分子生物学鉴定

(1) 提取 DNA：使用 DNA 提取试剂盒提取微生物 DNA。

(2) PCR 扩增：使用 16S rRNA 基因通用引物进行 PCR 扩增。

(3) 电泳分析：通过琼脂糖凝胶电泳检测 PCR 产物。

(4) 测序分析：将 PCR 产物送高通量测序，分析微生物多样性。

3.22.4.6 微生物功能测定

A 酶活性测定

(1) 测定皮肤微生物产生的脂肪酶、蛋白酶、过氧化氢酶等酶活性。

(2) 使用分光光度计测定酶反应产物的吸光度，计算酶活性。

B 代谢产物测定

使用高效液相色谱（HPLC）或气相色谱-质谱联用（GC-MS），测定皮肤微生物代谢产物（如有机酸、氨基酸等）。

3.22.4.7 数据分析

(1) 记录数据：不同动物样品中微生物的数量、形态特征及功能活性。

（2）统计分析：使用统计软件（如 Excel、SPSS）进行数据分析，比较皮肤微生物的差异。

（3）绘制图表：绘制柱状图、折线图等，展示微生物数量和功能活性的变化趋势。

3.22.5 注意事项

（1）无菌操作：实验过程中严格保持无菌操作，避免污染。

（2）样品保存：皮肤微生物采集后应尽快处理，避免长时间存放导致微生物活性下降。

（3）培养基选择：根据实验目的选择合适的培养基，如 LB 培养基适用于细菌分离。

（4）培养条件：控制培养温度和时间，避免过度生长或生长不足。

（5）数据记录：详细记录实验数据，确保实验结果的准确性和可重复性。

3.22.6 思考题

（1）不同环境条件（如湿度、温度、紫外线暴露）如何影响动物皮肤微生物的群落结构和功能，能否通过实验设计模拟不同环境，研究其对皮肤微生物的动态变化及其对宿主健康的影响？

（2）皮肤微生物如何调节宿主的局部和全身免疫反应，能否通过实验（如无菌动物模型或微生物移植）研究特定微生物或其代谢产物对宿主免疫功能的调控机制？

（3）皮肤微生物群落的失调如何与皮肤病（如湿疹、皮炎或感染）相关联，能否通过实验筛选出与疾病相关的关键微生物或功能基因，并探索其作为疾病诊断或治疗靶点的潜力？

3.23 噬菌体的分离、纯化及其效价测定

3.23.1 实验目的

（1）从环境中分离噬菌体。

（2）纯化噬菌体以获得单一噬菌体株。

（3）测定噬菌体的效价（即噬菌体的浓度）。

3.23.2 实验原理

噬菌体分离纯化及效价测定实验的基本原理是：利用噬菌体对特定宿主细菌的特异性侵染能力，通过双层琼脂平板法或液体培养法分离噬菌体，并进一步纯

化获得高纯度噬菌体样品。效价测定是通过系列稀释噬菌体悬液，接种宿主细菌后计数噬菌斑形成单位（PFU），以确定噬菌体的浓度和侵染活性。实验的关键步骤包括宿主细菌的培养、噬菌体的富集、纯化及效价测定，旨在获得高效价的噬菌体并评估其应用潜力。

3.23.3 实验材料

（1）宿主细菌：如大肠杆菌（E. coli）。

（2）噬菌体来源：如污水、土壤、粪便等。

（3）试剂：无菌 LB 培养基（液体和固体）、无菌生理盐水（0.85% NaCl）、无菌 PBS 缓冲液（pH 值为 7.4）、无菌琼脂糖、无菌 TAE 缓冲液、DNA 染料（如溴化乙锭）。

（4）器材：无菌培养皿、无菌移液管、无菌玻璃棒、无菌滤纸、无菌试管、无菌接种环、无菌离心管、无菌离心机、无菌恒温培养箱、无菌过滤器、无菌注射器、无菌微量离心管、无菌微量移液器、无菌微量移液器吸头、无菌酒精灯、无菌记号笔、恒温振荡器、分光光度计、PCR 仪、电泳仪、紫外透射仪。

3.23.4 实验内容

3.23.4.1 噬菌体的分离

（1）样品采集：采集可能含有噬菌体的样品，如污水、土壤、粪便等。

（2）样品处理：

1）将样品与无菌生理盐水按 1∶10 比例混合，振荡 30 min。

2）静置 10 min，取上清液。

3）用 0.22 μm 无菌过滤器过滤上清液，去除细菌和其他大颗粒。

（3）噬菌体富集：

1）将过滤后的上清液与宿主细菌（如 E. coli）按 1∶1 比例混合。

2）加入 LB 液体培养基，37 ℃振荡培养 12～24 h。

3）离心（10000 g，10 min），取上清液，即为噬菌体富集液。

3.23.4.2 噬菌体的纯化

A 双层琼脂平板法

（1）准备底层琼脂：将 LB 固体培养基倒入培养皿中，冷却凝固。

（2）准备顶层琼脂：将 LB 固体培养基加热融化，冷却至 45 ℃左右。

（3）将噬菌体富集液与宿主细菌混合，加入顶层琼脂中，轻轻混匀。

（4）将混合液倒入底层琼脂上，轻轻晃动培养皿使顶层琼脂均匀分布。

（5）待顶层琼脂凝固后，37 ℃倒置培养 12～24 h。

B 挑取噬菌斑

(1) 观察培养皿中形成的噬菌斑（透明区域）。

(2) 用无菌接种环挑取单个噬菌斑，加入 1 mL 无菌 PBS 缓冲液中，轻轻振荡。

(3) 重复双层琼脂平板法，直至获得单一的噬菌斑。

3.23.4.3 噬菌体的效价测定

A 制备宿主细菌悬液

(1) 将宿主细菌（如 E. coli）接种到 LB 液体培养基中，37 ℃振荡培养至对数生长期（$OD_{600} \approx 0.6$）。

(2) 离心（5000 g，10 min），弃上清液，用无菌 PBS 缓冲液重悬细菌，调整细菌浓度至 10^8 CFU/mL。

B 双层琼脂平板法测定效价

(1) 准备底层琼脂：将 LB 固体培养基倒入培养皿中，冷却凝固。

(2) 准备顶层琼脂：将 LB 固体培养基加热融化，冷却至 45 ℃左右。

(3) 取 100 μL 宿主细菌悬液与 100 μL 不同稀释度的噬菌体悬液混合，加入顶层琼脂中，轻轻混匀。

(4) 将混合液倒入底层琼脂上，轻轻晃动培养皿使顶层琼脂均匀分布。

(5) 待顶层琼脂凝固后，37 ℃倒置培养 12～24 h。

C 计数噬菌斑

观察培养皿中形成的噬菌斑，选择噬菌斑数量在 30～300 之间的培养皿进行计数。

3.23.4.4 噬菌体的保存

(1) 短期保存：将噬菌体悬液加入等体积的50%甘油，混匀后 −20 ℃保存。

(2) 长期保存：将噬菌体悬液加入等体积的80%甘油，混匀后 −80 ℃保存。

3.23.5 注意事项

(1) 无菌操作实验过程中严格保持无菌操作，避免污染。

(2) 噬菌体稀释：噬菌体稀释时需充分混匀，确保稀释准确。

(3) 噬菌斑计数：选择噬菌斑数量适中的培养皿进行计数，避免过多或过少。

3.23.6 思考题

(1) 在噬菌体分离纯化过程中，如何优化宿主细菌的培养条件、噬菌体富集方法以及纯化步骤，以提高噬菌体的得率和纯度，能否通过实验设计比较不同方法的效率？

（2）在效价测定实验中，如何减少实验误差（如噬菌斑重叠或计数不准确）以提高测定结果的可靠性，能否通过改进实验方法（如自动化计数或图像分析技术）提升测定效率？

（3）噬菌体对宿主细菌的侵染效率和特异性受哪些因素影响，能否通过实验研究宿主细菌的遗传变异或环境条件（如温度、pH 值）对噬菌体侵染能力的影响？

3.24 环境污染物响应发光细菌实验

3.24.1 实验目的

（1）掌握环境污染物对发光细菌的毒性效应研究方法。

（2）熟悉污染物的生态风险评价方法。

3.24.2 实验原理

环境污染物响应发光细菌实验的基本原理是：利用某些发光细菌（如费氏弧菌）在正常代谢过程中会发出生物荧光的特性，当环境中存在污染物时，细菌的代谢活性受到抑制，导致发光强度减弱。通过测定发光强度的变化，可以快速、灵敏地评估环境污染物的毒性。实验通常包括培养发光细菌、暴露于待测污染物中，并使用光度计测定发光强度的变化，从而定量分析污染物的毒性效应。

3.24.3 实验材料

（1）发光细菌：如费氏弧菌。

（2）环境污染物：如重金属 Cd^{2+}、Pb^{2+}、Hg^{2+}；有机污染物苯酚、多环芳烃等。

（3）试剂：无菌生理盐水（0.85% NaCl）、无菌 PBS 缓冲液（pH 值为 7.4）、无菌 LB 培养基（液体和固体）、发光细菌冻干粉、发光细菌复苏液。

（4）器材：无菌培养皿、无菌移液管、无菌玻璃棒、无菌滤纸、无菌试管、无菌接种环、无菌离心管、无菌离心机、无菌恒温培养箱、无菌微量离心管、无菌微量移液器、无菌微量移液器吸头、无菌酒精灯、无菌记号笔、恒温振荡器、分光光度计、发光检测仪、pH 值计、天平。

3.24.4 实验内容

3.24.4.1 发光细菌的复苏与培养

A 复苏发光细菌

（1）将发光细菌冻干粉加入 1 mL 复苏液（如 2% NaCl 溶液），轻轻混匀。

（2）37 ℃静置复苏30 min。

B 培养发光细菌

（1）将复苏后的发光细菌接种到LB液体培养基中，37 ℃振荡培养至对数生长期。

（2）离心（5000 g，10 min），弃上清液，用无菌PBS缓冲液重悬细菌，调整细菌浓度至10^8 CFU/mL。

3.24.4.2 污染物溶液的制备

A 选择污染物

根据实验目的选择目标污染物，如Cd^{2+}、Pb^{2+}、Hg^{2+}、苯酚等。

B 配制污染物溶液

（1）称取适量污染物，用无菌蒸馏水或PBS缓冲液溶解，配制不同浓度的污染物溶液（如0.1 mg/L、1 mg/L、10 mg/L、100 mg/L）。

（2）使用pH值计测定污染物溶液的pH值，必要时用NaOH或HCl调节pH值至7.0 ± 0.2。

3.24.4.3 污染物对发光细菌的毒性实验

A 实验分组

（1）对照组：1 mL PBS缓冲液+1 mL发光细菌悬液。

（2）实验组：1 mL不同浓度的污染物溶液+1 mL发光细菌悬液。

B 混合反应

（1）将污染物溶液与发光细菌悬液混合，轻轻振荡混匀。

（2）37 ℃静置反应30 min。

C 测定发光强度

（1）使用发光检测仪测定各组混合液的发光强度（RLU，相对发光单位）。

（2）记录各组发光强度的变化。

3.24.4.4 数据处理与分析

（1）计算发光抑制率：

$$\text{发光抑制率} = [(\text{对照组发光强度} - \text{实验组发光强度})/\text{对照组发光强度}] \times 100\% \tag{3-32}$$

（2）绘制剂量-效应曲线：以污染物浓度为横坐标、发光抑制率为纵坐标，绘制剂量-发光抑制率曲线。

（3）计算EC_{50}：使用统计软件（如Excel、SPSS）拟合剂量-效应曲线，计算半数效应浓度（EC_{50}）。

3.24.4.5 细菌存活率测定

（1）涂布平板法：

1）将反应后的混合液进行10倍系列稀释（$10^{-1} \sim 10^{-6}$）。

2）取 100 μL 稀释液涂布在 LB 固体培养基上，37 ℃培养 24 h。

3）计数菌落数，计算细菌存活率。

（2）计算存活率：

$$存活率 = (实验组菌落数/对照组菌落数) \times 100\% \qquad (3\text{-}33)$$

3.24.5　注意事项

（1）发光细菌冻干粉需全程低温（-80 ℃）保存，避免反复冻融导致菌体失活。

（2）实验过程中，菌悬液需置于冰浴中避光保存，避免光照和温度波动影响发光强度，从复苏到完成检测需在 2 h 内完成，确保细菌处于对数生长期。

（3）污染物溶液需现配现用，若为固体污染物需用无菌溶剂（如 DMSO）溶解，且溶剂浓度需低于 0.5%（体积比），防止溶剂本身对发光细菌产生毒性干扰实验结果。

3.24.6　思考题

（1）不同类型的污染物（如重金属、有机污染物或纳米材料）对发光细菌的发光抑制效应是否存在差异，能否通过实验设计比较不同污染物的毒性机制及其对细菌代谢的影响？

（2）温度、pH 值、盐度等环境因素如何影响发光细菌的发光强度及其对污染物的响应，能否通过实验优化条件以提高检测的灵敏度和准确性？

（3）发光细菌实验在环境污染物毒性检测中有哪些优势和局限性，能否通过结合其他生物检测方法（如细胞毒性实验或分子生物学技术）提高检测的全面性和可靠性？

3.25　环境污染物致突变毒性检测 Ames 实验

3.25.1　实验目的

（1）理解 Ames 实验检测诱变剂和致癌剂的基本原理。

（2）掌握 Ames 实验检测诱变剂和致癌剂的方法。

3.25.2　实验原理

在不含组氨酸的基本培养基上，鼠伤寒沙门氏菌（*Salmonella typhimurium*）组氨酸营养缺陷型（his-）菌株不能生长；如果遇到诱变性物质，这些菌株会发生回复突变（his-→his+），形成野生型菌株，从而在不含组氨酸的基本培养基上能生长成肉眼可见的菌落。

Ames 实验就是利用鼠伤寒沙门氏菌的可发生回复突变的特性来检测诱变剂或致癌剂的。根据存在和不存在被检测物质时回复突变的频率，可推断该物质是否具有诱变性和致癌性。一种化学物质只有经过微粒体（哺乳动物的干细胞磨成匀浆分离得到的内质网碎片称为微粒体）中相关酶的激活，才能显现诱变性或致癌性。

在进行 Ames 实验中，一般需要设置添加哺乳动物微粒体作为体外活化系统（S-9 混合液）。因此，Ames 实验也称为鼠伤寒沙门氏菌/哺乳动物微粒体实验。

3.25.3 实验材料

3.25.3.1 菌种

鼠伤寒沙门氏菌 TA100 菌株（组氨酸-生物素缺陷型），对照组菌株为 S-CK 野生型。

3.25.3.2 培养基（配方见附录 B）

（1）氯化钠琼脂培养基。

（2）组氨酸-生物素混合液：L-盐酸组氨酸 31 mg，生物素 49 mg，溶于 40 mL 蒸馏水，备用。

（3）上层培养基：配制 50 mL，下层培养基：配制 1000 mL。

（4）牛肉膏蛋白胨液体培养基：配制 50 mL，分装于 5 支 10 mL 试管，0.1 MPa 灭菌 20 min。

（5）牛肉膏蛋白胨固体培养基：配制 450 mL，分装于锥形瓶，0.1 MPa 灭菌 20 min。

3.25.3.3 鼠肝匀浆 S-9 上清液

选取成年健壮大白鼠 3 只（每只体重约 200 g），按 500 mg/kg 一次腹腔注射五氯联苯玉米油配置成的溶液（200 mg/mL），提高酶的活性。注射后第五天断头杀鼠，杀鼠前 12 h 应禁食。取三只大白鼠的肝脏合并称重，用冷的 0.15 mol/L KCl 溶液洗涤 3 次，剪碎，按 1 g 肝脏（湿重）加 3 mL、0.15 mol/L KCl 溶液在匀浆器中制成匀浆，经高速冷冻离心机（9000 r/min）离心 20 min，取上清液，此即 S-9 上清液。分装安瓿瓶，每管 1 ~ 2 mL，液氮速冻，－20 ℃冷冻保存备用。使用前去除，在室温下融化并置冰中冷却，再按下法配制混合液。以上一切操作均应在低温（0 ~ 4 ℃）无菌环境中进行。

3.25.3.4 鼠肝匀浆 S-9 混合液

（1）0.2 mol/L、pH 值为 7.4 磷酸缓冲液：称取 35.61 g $Na_2HPO_4 \cdot 2H_2O$ 溶解于蒸馏水中，定容至 1000 mL 制成 A 液；称取 27.6 g $NaH_2PO_4 \cdot H_2O$ 溶解于蒸馏水中，定容至 1000 mL 制成 B 液；按 A 液 81 mL 和 B 液 19 mL 的比例混合，即制成 0.2 mol/L、pH 值为 7.4 磷酸缓冲液。

（2）Mg-K 盐溶液：$MgCl_2$ 8.1 g，KCl 12.3 g，蒸馏水 100 mL，0.1 MPa 灭菌 20 min。

（3）0.1 mol/L NADP-G-6-溶液：辅酶（NADP）297 mg，葡萄糖-6-磷酸钠盐 152 mg，0.2 mol/L、pH 值为 7.4 磷酸缓冲液 50 mL，Mg-K 盐溶液 2 mL，加无菌水定容至 100 mL。用滤膜过滤器除菌，检查无菌后分装至小瓶中，每瓶 10 mL，－20 ℃保存。

实验前取 2 mL S-9 上清液加入 10 mL NADP-G-6-溶液，再加 1 mL Mg-K 溶液（依次加入），混合后置冰浴中待用。

3.25.3.5　待测样品

可选用有致癌可能的化妆品如染发液或化工厂排放液进行检测。用蒸馏水配制成三种不同的浓度（最高不能超过该物质的抑菌浓度）。若样品不溶于水则用二甲基亚砜（DMSO）溶解，再不能溶时则选用 95% 乙醇、丙酮、甲酰胺、乙腈等配制溶液。

3.25.3.6　其他试剂

黄曲霉素 B_1 溶液：5 μg/mL、50 μg/mL，0.85% 生理盐水 150 mL。

3.25.3.7　器材

9 cm 培养皿、各种型号移液管（0.1 mL、1 mL、5 mL、10 mL）、试管、紫外灯（15～20 W）、ϕ6 mm 圆滤纸片若干、黑纸、匀浆器、水浴锅、安剖瓶、剪刀、镊子、解剖刀、注射器、天平等。

3.25.4　实验内容

3.25.4.1　菌株遗传性状的鉴定

凡用于检测的菌株必须先对其数种遗传性状加以鉴定，符合要求后方可使用。

（1）制作菌悬液：从测试菌株 TA100 和对照菌株斜面上各取一环菌株，分别接种于牛肉膏蛋白胨液体培养基中，37 ℃培养 16～24 h，离心分离菌体并用生理盐水洗涤 3 次，然后制成菌悬液（浓度 1×10^9～2×10^9）。

（2）制作底层平板：将分装于锥形瓶中的下层培养基（不含组氨酸-生物素）融化，冷却至 50 ℃左右，倾入 4 个培养皿内，冷却后制成底层平板，倒置过夜。

（3）制作上层平板：取 4 支分装氯化钠琼脂培养基（不含组氨酸-生物素）的试管，融化其中的培养基冷却至 45 ℃左右，保温；取 2 支试管各加 0.1 mL 测试菌株悬液，另取 2 支试管各加 0.1 mL 对照菌株悬液，迅速搅匀并倾倒在 4 个制好的底层平板上铺平，制成上层平板。

（4）添加试剂：用记号笔在 4 个培养基背面分别标出 A、B、C 三点，翻转培养基，打开皿盖，在A点放入组氨酸颗粒，在B点滴加一小滴组氨酸-生物素混合溶液，在C点不加任何作为对照，合上皿盖。

（5）恒温培养：将4个培养皿置于37 ℃恒温培养箱内培养48 h。

（6）结果观察：要求对照菌株S-CK在A、B、C三点上都长成菌落，而测试菌株只在B点上长成菌落，A和C点没有菌落。

3.25.4.2 样品致突变性的检测

（1）制备测试菌株悬液，同上。

（2）制作底层平板：融化下层培养基，制作8个平板，分4组（每组2个重复），依次标记为1号~4号。

（3）制作上层平板：

1）融化8管上层培养基，冷却至45 ℃左右，每管加0.1 mL测试菌悬液，分成4组（每组2个重复），依次标记为1号~4号。

2）在1~2组试管中加5 μg/mL检测样品0.2 mL（终浓度1 μg/mL），在第3、第4组则加入50 μg/mL检测样品0.2 mL（终浓度10 μg/mL）。

3）配好S-9混合液，并在1、3组试管内各加0.5 mL S-9混悬液，第2、第4组试管内不加S-9混合液。

4）将8支试管中的各种成分混匀，按组号分别倾倒在8个制好的底层平板上，制成上层平板。

（4）恒温培养：将培养皿置于37 ℃恒温培养箱内培养48 h。

（5）结果观察：记录各培养皿上的回变菌落数，并计算出两重复的诱变菌落平均数，用于评估菌落突变率。

3.25.4.3 对照组设计

（1）自发回复突变对照：实验操作与样品检测相同（设2个重复），在上层平板中只加0.1 mL菌悬液和0.5 mL S-9混合液，不加样品液。经过37 ℃培养48 h后，在底层平板上长出的菌落即为该菌自发回复突变菌落，取平均数，用于评估菌落突变率。

（2）阴性对照：为了排除样品呈现的Ames实验阳性与配制样品的溶剂有关，需以配制样品用的溶剂（如水、DMSO、乙醇等）作平行对照（阴性对照实验，设2个重复）。

（3）阳性对照：为了确认Ames实验的敏感性和可靠性，则需在检测样品的同时，检测一种已知的具有突变性的化学物质（如黄曲霉素B_1），作为平行实验（阳性对照实验，设2个重复）。

3.25.4.4 结果评估

根据样品所致的诱变菌落平均数（R）和自发回复突变菌落平均数（R），计算公式如下：

突变率(MR) = 每皿诱变菌落平均数(R)/每皿自发回复突变菌落平均数(R)

当突变率大于 2 时，可直接判定样品 Ames 实验阳性。当突变率小于 2 时，需要考虑样品中的被检物质浓度。若被检物浓度低于 500 μg/mL，必须提高浓度重新检测；若被检物浓度已达到或超过 500 μg/mL，则可判定样品 Ames 实验阴性。

3.25.5 注意事项

（1）在鼠肝匀浆（S-9）溶液的制备过程中，一切操作均应在低温（0～4 ℃）无菌条件下进行。

（2）为了保证 Ames 实验的可靠性，在检测样品的同时，需做自发回复突变对照、阳性对照和阴性对照实验。

3.25.6 思考题

（1）在 Ames 实验中，为何需要设置加与不加 S9 混合液的两组实验？若两组结果差异显著，可能反映污染物的什么特性？

（2）实验中若发现自发回复突变菌落数异常增高，可能由哪些因素导致？如何通过实验设计排除干扰？

4 环境微生物群落结构分析方法

4.1 环境微生物生境描述

4.1.1 环境微生物生境的定义

环境微生物的生境是指微生物生存和发展的具体环境条件，包括物理、化学和生物因素的综合体系。微生物生境可以是宏观的（如土壤、水体、大气等），也可以是微观的（如植物根际、动物肠道、土壤颗粒表面等）。微生物生境的特征决定了微生物的分布、多样性和功能。

4.1.2 微生物生境的特征

（1）多样性。微生物生境极为多样，涵盖了地球上几乎所有类型的生态系统，包括：陆地生境，如土壤、岩石表面、植物根际等；水生生境，如淡水湖泊、河流、海洋、湿地等；极端生境，如高温环境（温泉、火山口）、低温环境（极地、冰川）、高盐环境（盐湖、盐碱地）、高酸或高碱环境等，以及生物体生境（如动物肠道、皮肤表面、植物叶片表面等）。

（2）微小性。微生物生境通常非常微小，甚至肉眼难以察觉。例如，一个土壤团粒或植物根表面可能就是一个独立的微生境，这些微小的环境单元内部的物理和化学条件可能与其他区域截然不同。

（3）动态性。微生物生境是动态变化的，会随着时间和环境条件的改变而发生变化。例如，土壤中的微生物群落会随着季节、土壤湿度和温度的变化而改变。

（4）复杂性。微生物生境通常包含多种物理、化学和生物因素，这些因素相互作用，共同影响微生物的生存和活动。例如，土壤微生物的分布受到土壤质地、pH 值、有机质含量、水分和氧气等多种因素的影响。

4.1.3 微生物生境的描述方法

描述微生物生境时，通常需要考虑以下因素。

4.1.3.1 物理因素

温度：微生物对温度的适应范围很广，从极低温（如南极冰川）到极高温

（如温泉）都有微生物存在。

湿度：水分是微生物生存的基本条件之一，不同微生物对湿度的适应能力不同。

光照：微生物（如藻类和蓝细菌）需要光照（光合作用），而许多其他微生物则对光照不敏感。

氧气：根据对氧气的需求，微生物可分为专性好氧菌、兼性厌氧菌、微好氧菌、耐氧菌和专性厌氧菌。

4.1.3.2 化学因素

pH 值：微生物对 pH 值的适应范围也很广，从酸性环境（如酸性矿水）到碱性环境（如碱性盐湖）都有微生物存在。

盐度：微生物对盐度的适应能力差异很大，有些微生物可以在高盐环境中生存，而有些则只能在低盐环境中生长。

营养物质：微生物需要各种营养物质，包括碳源、氮源、磷源等，不同生境中的营养物质含量和种类会影响微生物的分布。

4.1.3.3 生物因素

与其他生物的关系：微生物与其他生物（如植物、动物、其他微生物）之间存在共生、寄生、竞争等多种关系。

微生物群落结构：不同生境中的微生物群落结构不同，例如土壤中的微生物群落以细菌和真菌为主，而海洋中的微生物群落则以浮游生物和细菌为主。

4.1.4 微生物生境的类型

根据微生物生境的性质和特征，可以将微生物生境分为以下几类。

4.1.4.1 陆地生境

土壤：土壤是微生物的主要栖息地之一，微生物在土壤中分布广泛，数量庞大。土壤微生物的分布受到土壤质地、pH 值、有机质含量、水分和氧气等多种因素的影响。

岩石表面：一些微生物可以在岩石表面生存，形成生物膜。这些微生物通常具有耐受极端环境的能力。

植物根际：植物根际是微生物的重要生境，根际微生物与植物根系相互作用，影响植物的生长和健康。

4.1.4.2 水生生境

淡水：包括湖泊、河流、池塘等，微生物在淡水生态系统中扮演着重要的角色，参与物质循环和能量流动。

海洋：是微生物的另一个重要栖息地，海洋微生物在海洋生态系统中具有重要的生态功能。

湿地：是介于陆地和水体之间的过渡生态系统，微生物在湿地生态系统中具有重要的生态功能。

4.1.4.3 极端生境

高温环境：如温泉、火山口等，高温微生物（嗜热菌）在这些环境中生存。

低温环境：如极地、冰川等，低温微生物（嗜冷菌）在这些环境中生存。

高盐环境：如盐湖、盐碱地等，高盐微生物（嗜盐菌）在这些环境中生存。

高酸或高碱环境：如酸性矿水、碱性盐湖等，微生物在这些极端环境中也能生存。

4.1.4.4 生物体生境动物肠道

动物肠道是微生物的重要栖息地，肠道微生物与宿主动物相互作用，影响宿主的健康。

4.1.4.5 植物叶片表面

植物叶片表面是微生物的栖息地之一，微生物在叶片表面形成生物膜，影响植物的生长和健康。

4.2 优势度指数

4.2.1 优势度指数的定义

优势度指数（dominance index）是生态学和群落生态学中用于衡量群落内物种分布均匀性和优势种集中程度的指标。它反映了群落中某些物种在数量、生物量或其他特征上的优势地位。优势度指数的高低可以帮助我们了解群落的结构特征，例如物种是否均匀分布，是否存在少数优势种等。

4.2.2 常见的优势度指数

辛普森优势度指数（simpson's dominance index）：反映群落中优势物种的集中程度，该值越大表示优势度越高。该指数越接近1，说明群落内物种分布越不均匀，优势种越突出。

它的优点在于能够直观地反映群落内物种分布的不均匀性，帮助识别优势种。计算方法多样，适用于不同类型的研究对象。

$$D = \sum_{i=1}^{S} P_i \tag{4-1}$$

式中，P_i 为第 i 个物种的相对丰度（比例），该物种个体数占总个体数的比例；S 为物种总数。

4.2.3 优势度指数的局限性

优势度指数的缺点在于对样本量要求较高，样本量不足时可能导致结果偏差。单独使用优势度指数可能无法全面反映群落的多样性特征，通常需要结合其他多样性指数（如香农-威纳指数、均匀度指数）进行综合分析。

4.3 相似度指数

4.3.1 相似度指数的定义

相似度指数（similarity index）是一种用于量化两个或多个对象、群落或数据集之间相似程度的指标。在生态学中，相似度指数主要用于比较不同群落或生态系统之间的物种组成、结构或功能的相似性。以下是关于相似度指数的定义、常见类型及其在生态学中的应用。

相似度指数是通过数学公式计算两个对象或样本之间的相似性，其值通常介于0~1之间（或0~100%）。该值越接近1（或100%），表示对象之间的相似性越高；越接近0，表示相似性越低。相似度指数可以基于物种的存在与否、物种的丰度或物种的多样性等特征进行计算。

4.3.2 常见的相似度指数

4.3.2.1 Jaccard 相似度指数

基于物种的有无（存在/缺失），忽略丰度信息，适用于比较物种组成差异（如环境样本的物种分布），取值范围0（无共同物种）~1（物种组成完全相同）。

$$J = \frac{a}{a + b + c} \tag{4-2}$$

式中，a 为两个群落共有的物种数；b 为仅在群落1中出现的物种数；c 为仅在群落2中出现的物种数。

4.3.2.2 Sørensen-Dice 相似度指数

与 Jaccard 类似，但对共有物种赋予更高权重。比 Jaccard 更强调共有物种的重要性，常用于微生物组研究中的β-多样性分析。取值范围0~1，该值越大相似度越高。

$$S = \frac{2a}{2a + b + c} \tag{4-3}$$

其中，a、b、c 含义同 Jaccard 指数。

4.3.2.3 Bray-Curtis 相似度指数

基于物种丰度（考虑数量差异），广泛用于生态学，该值范围0（完全不同）~1（丰度分布完全相同）。

$$\mathrm{BC} = 1 - \frac{\sum |A_i - B_i|}{\sum (A_i + B_i)} \tag{4-4}$$

式中，A_i 为群落 1 中第 i 个物种的丰度；B_i 为群落 2 中第 i 个物种的丰度。

4.3.2.4 Morisita-Horn 相似度指数

基于物种丰度，对高丰度物种敏感，适合高多样性群落的比较，该值范围0~1，值越大表明丰度结构越相似。

$$\mathrm{MH} = \frac{2\sum (A_i \times B_i)}{\left(\frac{\sum A_i^2}{N_1^2} + \frac{\sum B_i^2}{N_2^2}\right) \times N_1 N_2} \tag{4-5}$$

式中，A_i 为群落 1 中第 i 个物种的丰度；B_i 为群落 2 中第 i 个物种的丰度；N_1、N_2 为群落 1 和 2 的总个体数。

4.3.2.5 余弦相似度（cosine similarity）

将物种丰度视为向量，计算其夹角的余弦值。该值范围 -1 ~1，但在生态学中通常为0（无相似性）~1（完全相似）。

$$\mathrm{Cosine} = \frac{\sum (A_i \times B_i)}{\sqrt{\sum A_i^2} \times \sqrt{\sum B_i^2}} \tag{4-6}$$

其中，A_i、B_i 含义同上式。

4.3.3 相似度指数的局限性

（1）如何选择计算过程要注意甄别，如关注物种有无用 Jaccard、Sørensen；考虑丰度差异选 Bray-Curtis、Morisita-Horn；关注高维数据用余弦相似度（如宏基因组功能谱分析）。

（2）Jaccard、Sørensen-Dice 等基于“存在/缺失”的指数忽略物种丰度信息，无法反映群落中物种的数量差异。

（3）Bray-Curtis 等基于丰度的指数对稀有物种不敏感，易受优势种主导。

4.4 多样性指数

4.4.1 多样性指数的定义

多样性指数是用来描述一个群落的多样性的统计量。它不仅反映群落中物种或类别的数量（丰富度），还考虑了这些物种或类别在群落中的分布均匀度。例如，在生态学中，多样性指数用于衡量生态系统中生物的多样性；在社会学中，它可以衡量社会群体的多样性；在经济学中，可以用来描述经济活动的分布多样性。

4.4.2 常见的多样性指数

4.4.2.1 香农–威纳指数（shannon-wiener index）

香农–威纳指数同时考虑了物种丰富度和均匀度。当群落中物种分布越均匀时，指数值越高；当群落中只有一个物种时，指数值为零。它是生态学中最常用的多样性指数之一，适用于物种数量较多且分布较均匀的群落。

$$H' = -\sum_{i=1}^{S} P_i \ln P_i \tag{4-7}$$

式中，S 为物种总数；P_i 为第 i 个物种在群落中的相对丰度（即该物种个体数占总个体数的比例）。

4.4.2.2 辛普森多样性指数（simpson's diversity index）

辛普森多样性指数随机抽取两个个体属于不同物种的概率，该指数值越高，说明群落的多样性越高。对优势物种较为敏感，当群落中存在少数优势物种时，其值会降低。

$$D = 1 - \sum_{i=1}^{S} P_i^2 \tag{4-8}$$

式中，P_i 为第 i 个物种在群落中的相对丰度（即该物种个体数占总个体数的比例）。

4.4.3 多样性指数的局限性

（1）估计偏差：多样性指数的估计值可能受到样本大小和取样方法的影响，导致不同研究之间的结果难以直接比较。

（2）信息局限：某些指数可能无法完全反映群落的复杂性，例如功能多样性和系统发育多样性等。

（3）适用范围：不同指数适用于不同的研究场景，选择时需根据具体需求进行调整。

总之，多样性指数是衡量群落多样性的重要工具，通过选择合适的指数，可以更全面地理解群落的结构和功能。

4.5 均匀度指数

4.5.1 均匀度指数的定义

均匀度指数是群落实际多样性指数与最大多样性指数的比值，用于描述群落中各个物种相对丰度的均匀程度。其值范围通常在 0 ~ 1 之间，越接近 1 表示群落中物种分布越均匀，越接近 0 则表示物种分布越不均匀，存在明显的主导物种。

4.5.2 常见的均匀度指数

（1）Pielou 均匀度指数（pielou's evenness index）：是最常用的均匀度指标，与香农-威纳指数结合使用，能够有效反映群落中物种的均匀程度。

$$J = \frac{H'}{\ln S} \tag{4-9}$$

式中，J 为 Pielou 均匀度指数；H' 为香农-威纳多样性指数（shannon-wiener index）；S 为群落中的物种总数。

（2）Hurlbert 均匀度指数：基于群落中物种分布的几何平均值计算，适用于物种数量较少的群落。

（3）Sheldon 均匀度指数：用于评估分布的均匀性或一致性，适用于生态学、农业和经济学等领域。

4.5.3 均匀度指数的局限性

（1）无法反映物种丰富度：仅衡量物种个体数量的均匀程度，无法体现群落中物种的种类数量。

（2）对稀有物种不敏感：当群落中存在大量常见物种和少量稀有物种时，稀有物种对均匀度指数的贡献微乎其微。

（3）受样本大小影响：计算结果可能会受到样本大小的影响。

（4）无法反映群落结构复杂性：如物种之间的生态位分化、物种的空间分布格局等。

（5）对极端值不敏感：当群落中某个物种的个体数量远远多于其他物种时，均匀度指数的变化可能并不显著。

（6）不能单独反映多样性：仅用均匀度指数来衡量生物多样性是不全面的，还需要结合物种丰富度等其他指标综合考虑。

4.6 丰富度指数

4.6.1 丰富度指数的定义

丰富度指数主要关注微生物群落中物种的数量，即群落中不同微生物种类的数目。它是最直接的多样性指标之一，不考虑物种的相对丰度或分布均匀度，仅反映群落中物种的种类数。在微生物学中，丰富度指数通常用于比较不同样本（如不同环境、不同时间或不同处理条件）之间的微生物多样性水平。它在微生物学研究中具有广泛应用，但需要与其他多样性指标（如均匀度指数、多样性指数）结合使用，以更全面地评估微生物群落的结构和功能。

4.6.2 常见的丰富度指数

4.6.2.1 观测物种数（observed species）

直接统计样本中观测到的微生物物种数，简单直观，但对样本大小敏感，样本量越大，观测到的物种数可能越多。

$$S_{obs} = \text{观测到的物种数} \tag{4-10}$$

4.6.2.2 Chao1 指数

通过样本中稀有物种（如只出现一次或两次的物种）的数量来估计群落中实际的物种总数。对稀有物种较为敏感，能够更准确地估计群落中未被充分采样的物种数。

$$S_{Chao1} = S_{obs} + \frac{n_1(n_1 - 1)}{2(n_2 + 1)} \tag{4-11}$$

式中，S_{obs}为观测到的物种数；n_1 为只出现一次的物种数；n_2 为只出现两次的物种数。

4.6.2.3 ACE 指数（abundance-based coverage estimator）

基于物种丰度的覆盖估计值，适用于估计群落中实际存在的物种总数。对稀有物种的估计较为准确，适用于微生物群落研究。

$$S_{ACE} = S_{abund} + \frac{S_{rare}}{C_{ACE}} + \frac{F_1}{C_{ACE}}\gamma^2_{ACE} \tag{4-12}$$

$$C_{ACE} = 1 - \frac{F_1}{N_{rare}} \tag{4-13}$$

式中，S_{abund}为高丰度物种数；S_{rare}为低丰度物种数；F_1 为只出现一次的物种数；N_{rare}为低丰度物种的总个体数。

4.6.3 丰富度指数的局限性

（1）未考虑物种均匀度：仅关注物种数量，而不考虑物种的相对丰度或分布均匀度。例如，一个群落中可能有大量物种，但少数物种占据主导地位。

（2）样本大小的影响：可能因样本大小而变化，较大的样本通常会检测到更多物种。

（3）无法反映功能多样性：仅关注物种数量，不涉及物种的功能特性。

4.7 生态位宽度指数

4.7.1 生态位宽度指数的定义

生态位宽度指数（niche breadth index）是用于衡量一个物种或种群在生态系

统中利用资源范围的量化指标，它反映了物种对不同资源（如食物、栖息地、环境条件等）的利用广度。生态位宽度越宽，说明物种对资源的利用越多样化，适应环境变化的能力越强；反之，生态位宽度越窄，说明物种对资源的利用越专一，适应能力相对较弱。

4.7.2 常见的生态位宽度指数

4.7.2.1 Levins 生态位宽度指数

Levins 生态位宽度指数是最常用的计算方法之一，适用于单一维度的资源利用情况。当物种在所有资源上均匀分布时，B 值最大，表示生态位最宽；当物种集中在一种资源上时，B 值最小，表示生态位最窄。Levins 指数的值范围为［1，n］。

$$B = \frac{1}{\sum_{i=1}^{n} P_i^2} \tag{4-14}$$

式中，P_i 为物种在第 i 种资源上的利用比例（即该资源上物种的个体数占总个体数的比例）；n 为可利用资源的总数。

4.7.2.2 Shannon 生态位宽度指数

基于 Shannon 熵的概念，考虑了资源利用的均匀性。当物种在所有资源上均匀分布时，B 值最大；当物种集中在一种资源上时，B 值最小。Shannon 指数的值范围为［0，ln$n$］。

$$B = -\sum_{i=1}^{n} P_i \ln P_i \tag{4-15}$$

式中，P_i 为物种在第 i 种资源上的利用比例；n 为可利用资源的总数。

4.7.2.3 标准化 Levins 生态位宽度指数

为了使不同物种或不同研究之间的生态位宽度指数具有可比性，通常会对 Levins 指数进行标准化，使其值范围在［0，1］之间。当物种在所有资源上均匀分布时，$B_s = 1$；当物种集中在一种资源上时，$B_s = 0$。

$$B_s = \frac{1}{\sum_{i=1}^{n} P_i^2} \times \frac{1}{n} \tag{4-16}$$

式中，P_i 为物种在第 i 种资源上的利用比例；n 为可利用资源的总数。

4.7.3 生态位宽度指数的局限性

（1）资源维度的片面性：指数通常基于单一维度（如食物类型、栖息地深度）计算，忽略多维生态位（如同时涉及空间、时间、营养级的复杂资源利用）。

（2）均匀资源假设不成立：Levins 指数假设资源均匀分布，但自然环境中资源多呈斑块状（如土壤养分的微域异质性），物种实际利用的资源可能比指数计算的更集中，导致生态位宽度被高估。

(3) 忽略种间相互作用：指数未考虑竞争、捕食等生物因素对资源利用的限制。

(4) 空间尺度影响：小尺度，在微生境（如根际土壤）中，物种可能利用有限资源，生态位宽度指数偏低；如大尺度，跨区域采样时，物种可能利用不同微生境的资源，导致指数虚高。

4.8 生态位重叠指数

4.8.1 生态位重叠指数的定义

生态位重叠指数（niche overlap index）是用于衡量两个或多个物种在其生态位（如资源利用、空间分布、时间活动等）上重叠程度的量化指标。生态位重叠指数反映了物种之间在资源利用或生态位空间上的相似性，是研究物种共存、竞争和生态位分化的重要工具。

4.8.2 常见的生态位重叠指数

4.8.2.1 Levins 重叠指数

Levins 重叠指数是最经典的生态位重叠指数之一，适用于资源利用的相对比例数据。它的取值范围为 0 ~ 1，越接近 1，表示生态位重叠程度越高。

$$O_{ij} = \frac{2 \times \sum_{k=1}^{n} \min(P_{ik}, P_{jk})}{\sum_{k=1}^{n} P_{ik} + \sum_{k=1}^{n} P_{jk}} \tag{4-17}$$

式中，P_{ik}、P_{jk} 为物种 i 和物种 j 在资源 k 上的利用比例；n 为资源的总类别数。

4.8.2.2 Schoener 重叠指数

考虑了物种在资源利用上的相对比例，适用于资源利用的连续数据。它的取值范围为 0 ~ 1，越接近 1，表示生态位重叠程度越高。

$$O_{ij} = 1 - \frac{1}{2} \sum_{k=1}^{n} |P_{ik} - P_{jk}| \tag{4-18}$$

式中，P_{ik}、P_{jk} 为物种 i 和物种 j 在资源 k 上的利用比例；n 为资源的总类别数。

4.8.2.3 Pianka 重叠指数

基于资源利用频率的对称性计算，适用于资源利用的相对频率数据。它的取值范围为 0 ~ 1，越接近 1，表示生态位重叠程度越高。

$$O_{ij} = \frac{\sum_{k=1}^{n} P_{ik} \times P_{jk}}{\sqrt{\sum_{k=1}^{n} P_{ik}^2 \sum_{k=1}^{n} P_{jk}^2}} \tag{4-19}$$

式中，P_{ik}、P_{jk}为物种 i 和物种 j 在资源 k 上的利用比例；n 为资源的总类别数。

4.8.2.4 Morisita-Horn 重叠指数

基于信息理论，适用于资源利用的个体数。它的取值范围为 0～1，越接近 1，表示生态位重叠程度越高。

$$O_{ij} = 1 - \frac{2 \times \sum_{k=1}^{n} P_{ik} \times P_{jk}}{\sum_{k=1}^{n} P_{ik}^2 + \sum_{k=1}^{n} P_{jk}^2} \tag{4-20}$$

式中，P_{ik}、P_{jk}为物种 i 和物种 j 在资源 k 上的利用比例；n 为资源的总类别数。

4.8.2.5 百分比重叠指数（Renkonen 指数）

这是最简单的生态位重叠计算方法，适用于资源利用曲线的重叠面积计算。它的取值范围为 0～1，越接近 1，表示生态位重叠程度越高。

$$O_{ij} = \frac{\sum_{k=1}^{n} \min(P_{ik}, P_{jk})}{\sum_{k=1}^{n} P_{ik}} \tag{4-21}$$

式中，P_{ik}、P_{jk}为物种 i 和物种 j 在资源 k 上的利用比例；n 为资源的总类别数。

4.8.3 生态位重叠指数的局限性

（1）其计算依赖于资源种类的选择，若选取不全面或不具代表性，结果易失真，难以标准化比较。

（2）它未考虑资源的可利用性，可能高估物种实际利用范围。再者，资源状态合并时指数会减小，可能与实际情况不符。

（3）在多维生态位空间中的适用性有限，难以全面反映物种在多种生态因子下的真实生态位宽度。

4.9 种间联结性

4.9.1 种间联结性的定义

种间联结性（interspecific association）是指群落中不同物种在空间分布上的相互关联程度，反映物种间相互作用的性质和强度。它是生态学中用于描述物种间协同分布或排斥分布的重要指标，通过统计方法（如方差比率、关联系数、χ^2 检验、共同出现百分率等）测定物种间的关联模式，可分为正联结（物种倾向于共同出现）、负联结（物种相互排斥、避免共同出现）和独立分布（物种分布无显著关联）。

种间联结性的研究有助于揭示群落结构形成机制、物种间相互作用（如竞争、互利共生、偏利共生）及环境因子对物种分布的影响，是分析群落稳定性、物种共存机制和生态网络构建的基础。例如，正联结可能反映物种间的资源互补或共生关系，负联结可能提示竞争或生态位分化，而独立分布则表明物种对环境需求差异较大或无直接相互作用。

4.9.2 常见的种间联结性

方差比率法（variance ratio，VR）对群落总体关联性进行测定，结合χ^2检验定性判定种间联结性。总体关联性用方差比率法计算。

$$\sigma_T^2 = \sum_{i=1}^{S} P_i(1 - P_i)^2 \tag{4-22}$$

$$P_i = \frac{n_i}{N} \tag{4-23}$$

$$S_T^2 = \frac{1}{N}\sum_{j=1}^{N}(T_j - t)^2 \tag{4-24}$$

$$\mathrm{VR} = \frac{S_T^2}{\sigma_T^2} \tag{4-25}$$

式中，σ_T^2为总站点方差；P_i为物种i出现频率；n_i为物种i出现的站点数；N为站点总数；S_T^2为总种数出现频度的方差；T_j为样方j内出现的优势种数；t为站点平均优势种数；VR为方差比率，当VR = 1时，符合所有物种无关联的零假设；当VR < 1时，物种间总体为负协变关系；当VR > 1时，物种间总体为正协变关系。

种间联结性检验采用χ^2值通过连续校正公式计算。

$$\chi^2 = \frac{N[\,|ab - bc| - 0.5N]^2}{(a+b)(a+c)(b+d)(c+d)} \tag{4-26}$$

式中，a为2个物种组成的种对同时存在的站点数之和；b、c为仅出现其中一个物种的站点数之和；d为一对物种共同出现频率为0的站点数之和；N为总站点数。

因χ^2计算结果无法反映负值，因此利用$ad - bc$的符号判断物种间的正、负联结性，若其值为正数，则判定为正联结，反之判定为负联结，相等判定为无联结。采用统计量W = VR′N检验VR值偏离1的显著程度，若$\chi^2 < 3.84$（$P > 0.05$），表示物种间关联性不显著；若$3.841 \leqslant \chi^2 \leqslant 6.635$（$0.01 \leqslant P \leqslant 0.05$），表示物种间关联性显著；若$\chi^2 > 6.635$（$P < 0.01$），表示物种间关联性极显著。

采用共同出现百分率（PC）分析物种间正联结程度计算。

$$PC = \frac{a}{a+b+c} \tag{4-27}$$

式中，PC取值区间为［0，1］，PC取值越趋向1，表示物种间联结程度越强，当物种间联结性不存在时，PC值等于0。

4.9.3 种间联结性的局限性

（1）数据获取与采样的局限性。

采样尺度依赖性：种间联结性结果高度依赖采样面积和尺度。小尺度采样可能低估物种真实共存范围（如仅采集局部微生境），大尺度采样可能掩盖精细的生态位分化。

数据准确性偏差：物种鉴定误差（如形态相似种误判）、采样不均匀（如遗漏稀有物种）或存在-缺失数据的简化（忽略丰度差异）会导致联结性计算失真。

时间动态忽略：群落随季节、演替阶段的变化会导致联结性波动。静态采样无法捕捉物种物候差异（如一年生与多年生植物的时间生态位分离），可能误判为负联结。

（2）统计方法的固有缺陷。

假设条件严苛：多数方法（如χ^2检验）假设物种分布独立且样本充足，但实际群落中物种常受空间自相关（如地形、微气候）影响，导致统计结果偏离真实关联。

小样本与稀有物种问题：小样本量会降低检验效力（Ⅰ型或Ⅱ型错误增加），稀有物种的随机共存或缺失可能夸大联结性显著性。

（3）生态机制的复杂性。

环境过滤的干扰：物种联结性可能由共同环境因子驱动（如土壤 pH 值、养分），而非直接种间作用。

尺度依赖的生态位分化：物种可能在小尺度表现负联结（资源竞争），在大尺度表现正联结（共享宏观生境）。单一尺度计算无法揭示这种多尺度复杂性。

4.10 系统发育分析

4.10.1 系统发育分析的定义

系统发育分析（phylogenetic analysis）是一种用于研究生物物种或基因之间进化关系的科学方法。通过分析生物的形态学特征、分子生物学数据（如 DNA、RNA 或蛋白质序列），重建生物之间的进化历史，并以系统发育树（phylogenetic tree）或系统发育网络（phylogenetic network）的形式展示这些关系。

系统发育树是一种树状分支图，用于描述生物之间的亲缘关系和进化过程。树的分支代表物种或基因的进化路径，分支的长度通常表示进化时间或遗传距离。

4.10.2 系统发育分析的原理

系统发育分析的核心是通过比较生物之间的相似性和差异性，推断它们的进化关系。其基本原理包括以下几点。

（1）进化假设：所有生物都源自共同的祖先，物种之间的差异是由于长期的进化过程导致的。

（2）数据来源：通常使用形态学特征或分子生物学数据（如 DNA、RNA、蛋白质序列）作为分析基础。

（3）构建方法：通过不同的算法和模型构建系统发育树，常见的方法包括：

1）距离法：基于物种之间的遗传距离构建树；

2）最大简约法（maximum parsimony，MP）：寻找需要最少进化变化的树；

3）最大似然法（maximum likelihood，ML）：基于概率模型，寻找最可能产生观测数据的树；

4）贝叶斯法（bayesian inference，BI）：结合先验知识和数据，计算进化树的概率分布。

4.10.3 系统发育分析的应用

系统发育分析在多个领域具有重要的应用价值，包括但不限于以下六个方面。

（1）进化生物学：重建物种的进化历史，研究物种的起源和演化过程。

（2）分子生物学：探索基因的功能和起源，分析基因水平转移等现象。

（3）生态学：研究物种的分布和生态适应性，分析生物多样性。

（4）传染病学：追踪病原体的传播路径，预测传染病的传播趋势。

（5）保护生物学：评估物种的濒危程度，制定保护策略。

（6）农业科学：研究作物的遗传多样性，辅助育种。

4.10.4 系统发育分析的工具

随着生物信息学的发展，出现了许多用于系统发育分析的软件工具，例如：

（1）PAUP（phylogenetic analysis using parsimony）：基于最大简约法构建系统发育树。

（2）MEGA（molecular evolutionary genetics analysis）：用于分子进化和系统发育分析。

（3）PHYLIP（PHYLogeny inference package）：包含多种系统发育分析程序。

（4）SplitsTree：用于构建系统发育网络，分析复杂的进化关系。

系统发育分析是一种重要的进化生物学研究方法，通过重建生物之间的进化关系，帮助科学家理解生物的起源、演化和多样性，其广泛的应用已经成为现代生物学研究中不可或缺的工具。

4.10.5 系统发育分析的局限性

（1）数据质量与获取的瓶颈：低质量测序数据（如高噪声、低覆盖度）可能引入假阳性分支；单一基因（如 16S rRNA）无法代表全基因组进化历史，可能因水平基因转移（HGT）导致系统发育信号混淆。

（2）方法学假设与算法的局限性：大规模数据集（如全基因组比对）需极高计算资源，贝叶斯分析可能耗时数天至数周，且结果对先验参数敏感（如分支长度先验分布）。

（3）生物学解释的局限性：杂交、内共生、水平基因转移等事件会导致系统发育树无法真实反映物种进化历史。分子钟假设序列进化速率恒定，但实际中不同类群（如 RNA 病毒 vs 脊椎动物）进化速率差异可达数个数量级，导致分化时间估算偏差。系统发育树基于遗传序列，无法直接关联表型特征（如致病性、代谢功能）。

4.11 共生网络分析

4.11.1 共生网络分析的定义

共生网络分析是一种基于网络理论的分析方法，用于研究生物群落中物种之间的相互作用关系。它通过构建节点（代表物种或生物实体）和边（代表物种之间的相互作用）展示物种之间的共生、竞争、捕食等关系，这种分析方法可以帮助科学家理解生物群落的结构、功能和动态变化。

4.11.2 共生网络分析的构建方法

构建共生网络通常涉及以下四个步骤。

4.11.2.1 数据收集

生态学数据：通过野外观察、实验或测序技术（如 16S rRNA 测序）获取物种的丰度数据。

社会学或产业数据：收集个体、企业或城市之间的互动数据。

4.11.2.2 选择分析方法

基于相关性的方法：通过计算物种丰度之间的相关性（如皮尔逊相关系数）推断物种之间的关联。

基于模型的方法：如 SparCC、CCREPE、CCLasso 等，用于解决相关性分析中非直接关联的问题。

图论模型：如 SPIEC-EASI 和 FlashWeave，用于推断物种之间的直接关系。

4.11.2.3 网络构建

（1）将物种作为节点，将显著的相互作用作为边，构建网络图。

（2）可以通过软件工具（如 Cytoscape、Gephi）进行可视化。

4.11.2.4 网络分析

网络拓扑结构分析：计算网络的度分布、中心性、模块性等指标。

嵌套性和特异性分析：评估网络的结构特征，如嵌套性（nestedness）和特异性（specialization）。

4.11.3 共生网络分析的应用

4.11.3.1 生态学

植物-动物共生网络：研究传粉网络和种子传播网络的结构特征，揭示物种之间的相互作用和生态位分化。

微生物群落：通过共现网络分析，研究土壤微生物群落的共生模式，揭示微生物之间的协同作用。

4.11.3.2 产业经济学

产业共生网络：分析企业之间的资源共享和协同合作模式，优化产业结构，提高经济效率。

都市圈共生网络：研究城市之间的资源共享和互补关系，促进区域一体化发展。

4.11.3.3 微生物学

通过共现网络分析，研究微生物之间的协同作用，揭示微生物群落的结构和功能。

4.11.4 共生网络分析的意义

（1）揭示生态系统的复杂性：通过网络分析，可以揭示生物群落中隐藏的相互作用关系，帮助理解生态系统的稳定性和多样性。

（2）指导生态保护和管理：通过分析网络的拓扑结构，可以识别关键物种和脆弱环节，为生态保护提供科学依据。

（3）优化产业布局：在产业经济学中，共生网络分析可以帮助优化企业之间的合作模式，提高资源利用效率，促进区域经济发展。

4.11.5 共生网络分析的局限性

（1）数据质量：高质量的样本数据是构建可靠网络的基础，样本量不足或数据偏差可能导致错误的结论。

（2）分析方法的选择：不同的分析方法可能会得出不同的结果，选择合适的方法需要根据具体的研究目标和数据特点。

（3）复杂性与动态性：生物群落和产业系统是动态变化的，网络分析需要考虑时间序列数据和环境因素的影响。

4.12 功能预测分析

4.12.1 功能预测分析的定义

功能预测分析是通过分析生物样本中的物种组成或基因序列，推测其潜在的生物学功能。由于直接测定样本中所有基因的表达和功能较为复杂且成本较高，功能预测分析提供了一种基于现有数据的高效替代方案。它通常基于物种的系统发育关系或已知基因功能的数据库，通过计算模型推断样本中可能存在的功能组成。

4.12.2 功能预测分析的方法

4.12.2.1 基于16S rRNA基因测序的功能预测

（1）PICRUSt2：Phylogenetic Investigation of Communities by Reconstruction of Unobserved States，是目前最常用的功能预测工具之一。它通过分析16S rRNA基因测序数据，结合系统发育树和已知基因组信息，预测样本中的基因功能和代谢通路。

（2）Tax4Fun2：Tax4Fun2是另一种基于16S rRNA数据的功能预测工具，它通过将物种丰度与已知基因组功能关联，推断样本的功能组成。

4.12.2.2 基于功能基因数据库的预测

（1）FAPROTAX（Functional Annotation of PROkaryotic Taxa）：通过将微生物分类群与已知功能相关联，基于物种组成数据预测样本的功能特征。

（2）BugBase：专注于微生物群落的表型预测，如病原性、移动性等，通过分析微生物群落的组成推断其潜在的表型特征。

（3）基于宏基因组数据的预测：宏基因组测序可以直接测定样本中的所有基因，从而更准确地分析样本的功能组成。功能预测分析可以与宏基因组数据结合，进一步补充和验证功能预测结果。

4.12.3 功能预测分析的应用领域

（1）微生物群落研究：可以帮助研究者了解微生物群落的功能组成，例如在土壤、海洋或人体微生物组中，推测微生物的代谢功能和生态角色。通过分析微生物群落的功能变化，研究环境因素对微生物群落功能的影响。

（2）生态学研究：在生态学中，可以用于评估生态系统中的功能多样性，帮助理解物种之间的相互作用及其对生态系统功能的贡献。

（3）医学研究：可以用于研究人体微生物组与健康的关系，例如通过分析肠道微生物群落的功能组成，推测其对宿主健康的影响。

（4）环境科学：在环境科学中，可以帮助评估污染对微生物群落功能的影响，以及微生物在环境修复中的潜在作用。

4.12.4　功能预测分析的局限性

（1）准确性受限：功能预测分析依赖于已知的基因组信息和数据库，对于未被充分研究的微生物或基因，预测结果可能不够准确。

（2）无法替代直接测定：虽然功能预测分析可以提供有价值的线索，但其结果仍需通过实验验证。

5 生态环境产教融合案例

5.1 环境微生物相关产业需求分析

随着生态文明建设的深入推进，生态环境调查作为环境管理、生态修复、绿色发展的基础支撑，其产业需求呈现多元化、专业化、智能化趋势。

环境微生物学实验助力生态环境调查工作成为环境影响评价（生态影响）的“眼睛”、产教融合的“纽带”、产业发展的“基石”。随着我国生态文明建设的深化，其作用将从单一的现状评估转向“监测—研究—应用—创新”的全链条赋能。未来需进一步强化技术创新（如智能化设备、数字模型）、人才培养（如产教融合实训）与产业协同（如“调查 + 修复 + 运营”一体化服务），推动环境微生物学实验在环境保护、经济发展、社会治理中发挥更大价值。

以长江上游小微流域“澎溪河水生态调查”（云阳澎溪河浮游动物群落结构及其与水体盐碱度的关系）为例，简述环境微生物学试验的研究及行业需求现状。

5.1.1 生态环境监测与评估服务的市场化需求激增

5.1.1.1 建设项目环评的刚需驱动

《中华人民共和国环境影响评价法》要求各类工程（如水利水电、工业园区、交通设施）必须开展生态现状调查。以长江流域为例，仅 2023 年新增码头、航道整治项目就超过 200 个，每个项目需至少 1 次流域生态调查（含浮游动物、水质、底质等），催生了大量第三方监测需求。澎溪河水生态调查研究中涉及的浮游动物多样性分析、盐碱度与营养盐关联评估，正是此类项目的核心内容，相关服务市场规模年增长率达 15% 以上。

5.1.1.2 生态环境损害赔偿与修复的技术需求

《生态环境损害赔偿制度改革方案》实施后，污染企业需承担生态调查与修复责任。例如，某化工企业若导致河流盐类污染，需委托专业机构开展浮游动物群落结构调查，评估生态损害程度（如物种减少、生物量下降），并据此制定修复方案。此类需求推动生态调查向“损害鉴定—因果分析—修复设计”全链条延伸，催生高端技术服务市场。

5.1.2 生态环境修复与流域治理的精准化需求

5.1.2.1 流域综合治理的靶向施策

我国重点流域（如长江、黄河）的生态修复需以精准调查为前提。澎溪河水生态调查研究显示，支流河口区域是浮游动物的关键栖息地，且总磷对缓解盐碱度胁迫有积极作用，据此可针对性设计生态修复工程（如河口湿地营造、磷素调控）。此类“调查-诊断-修复”的技术路径，在全国黑臭水体治理、湖泊富营养化控制等项目中广泛应用，推动生态修复产业从“粗放治理”转向“精准施策”，相关调查服务占修复项目成本的20%~30%。

5.1.2.2 生物多样性保护的专项需求

《生物多样性公约》及我国“双碳”目标下，生物多样性调查成为重点。浮游生物作为淡水生态系统的关键指示类群，其调查需求涵盖自然保护区、湿地公园、水库等各类生境。例如，新建水库需评估蓄水前后浮游动物群落变化，避免因水位波动、盐度变化导致的物种流失。此类专项调查催生细分市场，预计2025年市场规模达50亿元以上。

5.1.3 技术装备与数字化工具的研发需求

5.1.3.1 智能化监测设备的市场缺口

传统生态调查依赖人工采样与显微镜鉴定，效率低、误差大。澎溪河水生态调查研究中，浮游动物计数需3次重复（误差<15%），耗时耗力。市场急需自动化设备，例如：

（1）无人船/无人机水样采集系统：适应复杂河道（如澎溪河支流河口）的自动布点与采样。

（2）图像识别与分类技术：基于深度学习的浮游动物显微图像自动识别系统（如区分枝角类、轮虫类）。

（3）多参数水质传感器：集成pH值、全盐量、总碱度等指标的在线监测设备，实时关联生物数据。

5.1.3.2 生态模型与大数据平台的开发需求

澎溪河水生态调查研究中使用的生态位模型、多样性指数计算工具，需进一步整合为标准化软件平台。市场需求包括：

（1）生态基线数据库平台：整合全国主要流域浮游动物物种、环境因子数据，支持区域对比与趋势分析。

（2）影响预测模型：基于机器学习的盐碱度、营养盐对浮游动物群落的动态模拟模型，为环评提供快速预测工具。

（3）区块链存证系统：确保生态调查数据的真实性与不可篡改，满足环境诉讼、损害赔偿的司法需求。

5.1.4　专业人才与跨学科团队的迫切需求

5.1.4.1　复合型技术人才缺口大

生态调查需兼具生物学、环境科学、数据分析能力的人才。当前高校培养的学生多偏理论，缺乏野外作业、仪器操作（如火焰原子分光光度计、流式细胞仪）及模型开发经验。据行业协会统计，全国生态调查领域专业人才缺口达10万人以上，尤其急需掌握“浮游动物分类+水质分析+GIS空间建模”的复合型人才。

5.1.4.2　跨学科团队的协同需求

生态调查与环评、修复的结合，需要环境工程、生态学、经济学、社会学等多学科协同。例如，澎溪河水生态调查研究中“盐碱度—营养盐—浮游动物”的关联分析，需环境化学、水生生物学、计量经济学专家共同参与。产业界对“调查—评估—修复—管理”全链条跨学科团队的需求日益增长，推动高校与企业联合培养“生态+工程+管理”的跨界人才。

5.1.5　政策驱动下的长期需求

5.1.5.1　环保督察与长效监测机制

中央环保督察、长江十年禁渔等政策要求建立常态化生态监测网络。澎溪河水生态类型的调查需每季度开展一次，形成长期数据序列，支撑生态系统变化评估。此类需求推动监测服务向“定期化、规范化、网络化”发展，催生区域生态监测站建设、数据托管等长期服务市场。

5.1.5.2　碳达峰碳中和的新兴需求

“双碳”目标下，湿地、河流等生态系统的碳汇能力评估需以生物多样性调查为基础。浮游动物作为碳循环的重要环节，其群落结构变化与碳固定效率的关联研究（如澎溪河高生物量区域的碳汇潜力），将成为新兴需求领域，推动生态调查向“碳—生物—环境”多要素耦合分析拓展。

5.2　环境微生物技术在生态环境产教融合中的应用

生态调查作为连接理论研究与实践应用的桥梁，在生态环境产教融合中发挥着“产学研用”协同枢纽的作用。以澎溪河水生态调查研究为例，其涵盖的物种监测、数据分析、环境因子关联等内容，为高校、科研机构与企业的深度合作提供了丰富场景。

5.2.1 实践教学的核心载体：培养复合型人才

5.2.1.1 课程设计与实训基地建设

生态调查的全流程（采样方案制定、野外作业、实验室鉴定、数据建模）可融入环境科学、生态学等专业课程。例如，澎溪河水生态调查中使用13号浮游生物网采样、甲醛固定样品、显微镜鉴定物种等技术，可作为《环境微生物学》的实训内容。高校与地方环保部门、企业共建野外实训基地（如澎溪河生态监测站），学生通过参与实际项目，掌握水质检测（pH值、全盐量测定）、生物多样性分析（Shannon-Wiener指数计算）等技能，缩短课堂知识与职业需求的差距。

5.2.1.2 科研项目驱动的创新人才培养

本科生和研究生可参与真实生态调查项目，如澎溪河优势物种生态位分析、盐碱度与浮游动物相关性研究。通过自主设计实验（如不同盐度梯度下浮游动物培养实验）、撰写调查报告，培养科学思维与解决复杂问题的能力。例如，学生可基于文档中的生态位重叠数据，开发物种竞争模型，预测污染物输入对优势种的影响，此类成果可转化为科研论文或创新创业项目。

5.2.2 校企合作的技术转化平台：推动科研落地

5.2.2.1 环保企业技术升级

生态调查中开发的数据分析方法（如综合污染指数法、生态位模型）可转化为企业环境监测的标准化工具。例如，澎溪河水生态调查研究中建立的总氮、总磷污染评价体系，可用于企业废水排放的快速评估，助力其开发在线监测设备或污染治理方案。此外，企业可联合高校优化采样技术（如无人机辅助水样采集、自动化浮游动物分类系统），提高调查效率，降低人工成本。

5.2.2.2 生态修复项目的精准实施

产教融合团队可基于生态调查结果，为地方政府或企业提供定制化修复方案。澎溪河水生态调查研究发现，支流河口区域浮游动物多样性更高，且营养盐可减缓盐碱度的抑制作用，据此可建议在河道整治中保留或营造静水环境，同时控制盐类污染物输入。此类成果通过“高校研发—企业实施—政府监管”模式，直接应用于澎溪河绿道建设、码头污染治理等工程，实现“科研成果—技术产品—生态效益”的转化闭环。

5.2.3 政策标准制定的智力支撑：衔接学术与管理

5.2.3.1 参与环境标准修订

高校与科研机构通过生态调查积累的区域数据，可为地方或国家环境标准制定提供依据。例如，澎溪河全盐量（23.901～27.748 mg/L）与浮游动物密度的负相关关系，可支撑长江流域盐类污染物排放标准的细化，明确保护浮游动物群落的关键阈值。学生在参与此类研究中，可深入理解政策制定的科学逻辑，培养“数据—标准—管理”的系统思维。

5.2.3.2 环境管理决策咨询

产教融合团队可作为第三方，为环评审批、流域规划提供技术咨询。澎溪河水生态调查研究中提出的“控制盐类污染物输入对浮游动物群落稳定性至关重要”结论，可直接应用于云阳县工业布局调整、农业面源污染管控等决策，推动“生态调查—管理建议—政策实施”的全链条联动。学生通过参与咨询项目，提升跨学科沟通能力，适应环境管理的复合型需求。

5.2.4 产教资源共享：构建协同创新生态

高校与企业共享生态调查数据库（如澎溪河浮游动物物种库、环境因子数据集），企业提供仪器设备（如火焰原子分光光度计、流式细胞仪），高校开放实验室资源，形成“资源互补、风险共担”的合作机制。例如，企业可利用高校的长期监测数据开发生态模拟软件，高校则通过企业反馈优化调查方法，共同攻克“高盐度水体浮游动物多样性维持机制”等关键技术，提升产业核心竞争力。

5.3 环境微生物技术在环境影响评价中的重要作用

生态调查作为环境影响评价（EIA）的核心组成部分，是识别生态基线、评估人类活动对生态系统影响的关键技术手段。以云阳澎溪河浮游动物群落结构及盐碱度影响研究为例，这类生态调查通过多维度数据采集与分析，为环评提供了系统性的科学支撑，其重要作用主要体现在以下几个方面。

5.3.1 构建生态基线，识别敏感生态要素

生态调查通过对物种组成、群落结构、优势种及关键环境因子的监测，为环评提供基线数据。例如，澎溪河水生态调查共鉴定浮游动物 31 种，发现枝角类为优势类群，且干流与支流河口的多样性指数存在显著差异（Shannon-Wiener 指数 0.919～2.335）。这些数据明确了区域生态系统的本底特征，识别出如泥溞、剑水蚤等对盐碱度敏感的优势种，以及支流河口等关键生境。在环评中，基线数据可用于对比工程建设前后的生态变化，判断人类活动（如码头建设、污染物输入）是否导致物种减少、群落结构失衡或生境退化。

5.3.2 量化环境因子影响，预测生态风险

生态调查通过相关性分析揭示环境因子与生物指标的内在联系，为环评的影

响预测提供依据。澎溪河水生态调查研究表明，全盐含量、总碱度与浮游动物密度呈显著负相关（如桡足类密度与全盐量 $r=-0.836$，$P<0.01$），而总磷则具有正向促进作用。这类结论可用于预测工业废水、农业面源污染等盐类或营养盐输入对水生生态系统的影响，例如高盐度可能导致浮游动物多样性下降，进而影响食物链底层生产力，威胁鱼类等更高营养级生物。环评中可基于此类关系建立预测模型，评估污染物阈值及生态风险等级，为工程设计和污染控制提供参数（如设定全盐含量排放标准）。

5.3.3 评估生态系统服务功能，支撑环保措施优化

生态调查不仅关注物种本身，更注重生态系统的整体功能。浮游动物作为水质指示生物，其群落结构变化反映水体自净能力和物质循环效率。澎溪河水生态调查研究发现，支流河口区域浮游动物生物量更高（如 S3 点枝角类生物量 4.02 mg/L），表明静水环境更利于浮游动物繁殖，进而促进污染物降解。在环评中，此类结论可用于评估水利工程（如筑坝、河道整治）对水流速度、生境连通性的影响，优化工程设计以保留关键生境。此外，通过生态位重叠分析（如剑水蚤与猛水蚤重叠度 0.978），可识别资源竞争激烈的物种，避免因物种减少导致的生态位空缺，确保生态系统稳定性。

5.3.4 为累积影响评价提供长期数据基础

生态调查的长期积累可揭示区域生态系统的演变趋势，尤其对复杂流域（如长江支流）的累积影响评价至关重要。澎溪河水生态调查研究虽为短期调查，但通过对比不同河段（上、中、下游）的盐碱度和营养盐差异，已初步显示人类活动（如砂场、绿道建设）对生态的渐进式影响。在环评中，长期生态调查数据可用于评估多个项目叠加后的累积效应，例如多个码头运营导致的盐类污染物长期输入是否超出生态系统承载能力，为流域规划和总量控制提供科学依据。

5.3.5 强化环评的科学性与公信力

生态调查的规范化方法（如标准化采样、物种鉴定、数据分析）提升了环评的技术严谨性。澎溪河水生态调查研究采用 Levins 公式计算生态位宽度、Petrailis 公式计算重叠度，结合单因子及综合污染指数法评估营养盐污染，这些方法学框架为环评提供了可复制的技术路径。同时，通过公开透明的调查过程和数据，环评结论更易获得公众和监管部门认可，减少环境纠纷，确保项目合规性。

5.4 案例：澎溪河浮游动物生物多样性评价及其与水体盐碱度的关系分析

2023 年 6 月，基于某水利工程建设环境影响评价（生态影响）需求，本书作者团队开展了重庆市云阳县彭溪河流域浮游动物生物多样性研究，并分析了相关生态学指标与水体盐碱度之间的关系，共鉴定出浮游动物 4 纲 5 类 31 种，包括 22 种枝角类、4 种轮虫类、3 种桡足类、1 种昆虫类和 1 种寡毛类，总密度 70.8 ~ 270 ind./L，总生物量 1.13 ~ 4.02 mg/L，其中枝角类的物种数量最多，密度最大，物种多样性水平明显高于其他物种。各样点浮游动物的 Shannon-Wiener 多样性指数和 Pielou 均匀度指数分别为 0.919 ~ 2.335 和 0.300 ~ 0.780，干流与支流河口位置对两类指数的影响较大。浮游动物优势种有 7 种，其中剑水蚤、猛水蚤与泥溞在生境选择上较为相似，生态位重叠度较高。整体而言，全盐量、总碱度和总磷是影响云阳澎溪河浮游动物群落结构变化的主要环境因子，水体营养盐在一定程度上减缓了盐碱度对浮游动物生长的限制。本次浮游动物生物多样性调查分析与评价工作强调了控制彭溪河流域内盐类污染物的输入，对该流域浮游动物群落结构的稳定性至关重要，对长江上游水环境安全具有重要的生态效益。

5.4.1 调查背景与意义

浮游动物不仅是水生生态系统食物链和生物生产力的基本环节，而且在水体物质循环、信息传递等生态过程中起着重要的作用。水体中浮游动物群落结构受到水文以及水质状况的影响而呈现出分布差异，且与 pH 值、总氮、总磷、叶绿素含量等水环境因子密切相关，因此常被作为河流、湖泊、水库恢复良好生态状态的重要指标，尤其相对丰度较高的优势种，对群落多样性和水生态功能变化更具指示性。

生态位特征是用来描述物种在生态系统中的时空位置及其与其他物种的种间关系，常常被用来研究不同物种之间对资源的竞争和比较不同物种的环境适应性的重要手段。生态位宽度和生态位重叠度反映生物多样性和资源利用效率，是表征生态位特征的重要参数。一个物种的生态位宽度较宽，意味着该物种可以利用更多的资源种类；两个物种之间的生态位高度重叠，则表明物种的生存环境资源更有限，可能导致其中一个或两个物种的生存受到威胁，从而对生物多样性和生态系统的平衡造成影响。

澎溪河位于重庆市东北部的云阳县境内小江流域（E 108°，N 31°），属于长江重要支流之一，流域面积 5200 余平方公里，河长 180 余公里，属于亚热带湿润季风气候。由于长期的码头、砂场等人类活动，导致澎溪河江岸环境极其脆弱。当地进行环湖绿道建设，采取工程治理与生态修复相结合的模式，持续改善着云阳县的水域生态环境，对于生态环保有着重要的意义。

目前关于水体浮游动物群落结构与营养盐的关系较多，而关于水体盐碱度对长江支流浮游动物多样性和群落结构，尤其是优势种的影响仍不清楚。基于此，本书作者团队以云阳澎溪河为研究对象，在 2023 年 6 月开展水生态调查，通过监测、评价浮游动物多样性和群落组成及水体盐碱度和氮磷污染程度，对比分析环境因子对澎溪河上、中、下游的浮游动物的多样性、群落结构以及优势种的生态位特征的影响，为云阳彭溪河的水生态系统保护提供数据支撑。

5.4.2　调查采样地简介

根据云阳县彭溪河的地形地貌，河流走向（从上游至下游）、小支流汇入以及人类活动影响情况，在彭溪河上共设置 6 个采样点，分别为 S1 ~ S6，采集水样的采样点分布和相关信息见表 5-1。

表 5-1　彭溪河浮游动物采样站点设置与生境描述

采样点	生 境 描 述
S1	澎溪河干流汇入长江处，澎溪河下游区，河面宽阔、水流稳定无扰动
S2	黄石镇干流，属于澎溪河下游区，中、上游的小支流充分混合区
S3	彭溪河小支流即将汇入澎溪河的河口区域，属于澎溪河中游区
S4	高阳镇干流，属于澎溪河中游区，上游小支流充分混合区
S5	高阳村杨根码头小支流汇入澎溪河河口，属于澎溪河上游区
S6	养鹿镇韩家沟小支流汇入澎溪河河口，属于澎溪河上游区

5.4.3　样品采集方法与流程

用 13 号浮游生物网采集浮游动物样品，采样深度分为 5 m 以下和 5 ~ 10 m，采集五个平行样。采样后注入浓缩样品瓶，加入占水样 5%（体积分数）的甲醛进行固定，记录数据，带回实验室于 4 ℃保存。采集水样分为两份：

（1）一份用于理化性质和营养盐的测定，包括：pH 值、Cl^-、SO_4^{2-}、Mg^{2+}、Ca^{2+}、K^+、Na^+、CO_3^{2-}、HCO_3^-、TN、TP；各指标的测定方法见文献 [21]。其中 pH 值采用 pH 值计测定，四大阴离子采用滴定法测定，K^+、Ca^{2+}、Na^+、Mg^{2+} 采用火焰原子分光光度计测定；TN 采用凯氏定氮法测定，TP 采用钼锑抗比色法。

（2）另一份用于在实体显微镜和光学显微镜下观察浮游动物。鉴定前，静置 24 h，取上清液将 100 mL 样品浓缩至体积为 40 mL，接着在 40 ~ 100 倍放大的光学显微镜下观察和识别各种浮游动物。当观察到原生动物和轮虫时，将

0.1 mL 的样品置于 0.1 mL 的计数框内；进行定量测定浮游动物样品时，需将样品充分摇匀后取 1 mL 加入 1 mL 计数框内，都进行全片计数。在进行枝角类、桡足类密度测定时，首先需将 10 L 的紧缩样品充分摇匀，接着快速吸取 5 mL 并分布于 5 mL 计数框内，在 40 倍放大显微镜下全面检视整个区域。每个样品需要进行 3 次计数（误差不超过 15%），并求出平均值。观察到的浮游动物参考《淡水浮游生物图谱》与《环境微生物图谱》进行物种鉴定。

5.4.4 水体盐碱化分析与评价

采用 pH 值、全盐量、碱化度和总碱度来评价水的盐碱化程度，下面是计算公式。

（1）全盐量：

$$\mathrm{TS} = \sum B \times 25 \tag{5-1}$$

$$B = A/E \tag{5-2}$$

式中，TS 为全盐量，mg/L；A 为某离子的含量，mg/L；B 为该离子的含量，mg 当量/L；E 为该离子的当量。

常见 8 种可溶性盐离子的当量分别为：Ca^{2+} 20.04，Mg^{2+} 20.40，K^+ 39.10，Na^+ 22.90，Cl^- 35.45，SO_4^{2-} 48.03，HCO_3^- 61.02，CO_3^{2-} 30.00。

（2）碱化度：

$$\mathrm{SAR} = 14 - \mathrm{pH} \tag{5-3}$$

（3）总碱度：

$$\mathrm{TSAR} = HCO_3^- + 2CO_3^{2-} + OH^- \tag{5-4}$$

本研究监测的澎溪河段从上游到下游（见表 5-2），CO_3^{2-}、SO_4^{2-}、Mg^{2+} 和 Ca^{2+} 含量在上游段 S5 显著高于下游段 S1（$P<0.05$）；相反，HCO_3^-、Cl^-、K^+ 和 Na^+ 含量在下游段 S1 显著高于其他各河段（S2 ~ S6）（$P<0.05$）。从表 5-3 可知，澎溪河段水体整体上弱碱性，pH 值在上、中游显著高于下游入长江段（$P<0.05$）。全盐量在上游段 S5 显著高于中下游段（$P<0.05$），这与碱化度、总碱度呈相反趋势，且 pH 值、全盐量和碱化度的变异系数均小于 10%，为弱变异；总碱度的变异系数为 51.85%，为高度变异，CO_3^{2-} 和 HCO_3^- 在监测段含量差异较大。

表 5-2 澎溪河 8 种可溶性盐离子含量 (mg/L)

样点	CO_3^{2-}	HCO_3^-	Mg^{2+}	Ca^{2+}	K^+	Cl^-	SO_4^{2-}	Na^+
S1	0.014 ± 0.002b	0.231 ± 0.015a	0.025 ± 0.001d	14.031 ± 0.151e	2.750 ± 0.032a	0.168 ± 0.000a	0.113 ± 0.010d	6.515 ± 0.014a
S2	0.016 ± 0.001ab	0.065 ± 0.001b	1.270 ± 0.017c	17.210 ± 0.115c	0.232 ± 0.001b	0.052 ± 0.007b	1.103 ± 0.043c	1.953 ± 0.021b

续表 5-2

样点	CO_3^{2-}	HCO_3^-	Mg^{2+}	Ca^{2+}	K^+	Cl^-	SO_4^{2-}	Na^+
S3	0.008 ± 0.000c	0.064 ± 0.000b	1.313 ± 0.006ab	15.577 ± 0.119d	0.209 ± 0.005b	0.040 ± 0.003cd	1.240 ± 0.031ab	1.850 ± 0.010c
S4	0.015 ± 0.001b	0.067 ± 0.006b	1.310 ± 0.000ab	17.320 ± 0.000c	0.219 ± 0.006b	0.043 ± 0.001c	1.203 ± 0.026b	1.710 ± 0.020d
S5	0.019 ± 0.003a	0.077 ± 0.009b	1.333 ± 0.006a	18.967 ± 0.040a	0.213 ± 0.004b	0.032 ± 0.005e	1.288 ± 0.034a	1.443 ± 0.025f
S6	0.007 ± 0.001c	0.077 ± 0.009b	1.303 ± 0.031b	17.860 ± 0.056b	0.223 ± 0.008b	0.035 ± 0.001d	1.266 ± 0.051ab	1.597 ± 0.035e

注：各数据以平均值 ± 标准误差表示。每一列不同字母表示各样本之间同一指标差异显著（$P<0.05$）。

表 5-3　澎溪河水体盐碱化指标统计特征值

样点	pH 值	全盐量/mg · L^{-1}	碱化度	总碱度/mg · L^{-1}
S1	7.890 ± 0.021c	26.866 ± 0.185b	6.110 ± 0.021a	0.260 ± 0.019a
S2	8.439 ± 0.325b	25.985 ± 0.120c	5.561 ± 0.325b	0.098 ± 0.003bc
S3	8.379 ± 0.129b	23.901 ± 0.175d	5.621 ± 0.129b	0.080 ± 0.000c
S4	8.892 ± 0.037a	25.915 ± 0.012c	5.108 ± 0.037c	0.097 ± 0.008bc
S5	8.548 ± 0.263ab	27.748 ± 0.055a	5.452 ± 0.263bc	0.115 ± 0.006b
S6	8.352 ± 0.215b	26.485 ± 0.041b	5.648 ± 0.215b	0.092 ± 0.011c
变异系数/%	4.13	4.59	6.23	51.85

注：各数据以平均值 ± 标准误差表示。每一列不同字母表示各样本之间同一指标差异显著（$P<0.05$）。

5.4.5　营养盐污染分析与评价

采用单因素污染指数法和综合污染指数法对氮、磷污染程度进行评价，计算公式为：

$$F_i = C_i / C_s \tag{5-5}$$

$$F = \sqrt{\frac{F_{\text{average}}^2 + F_{\max}^2}{2}} \tag{5-6}$$

式中，F_i 为因子 i 的单因子污染指数，F_i 大于 1 表示因子 i 的含量超过评价标准值；C_i 为因子 i 的实测值，mg/L；C_s 为因子 i 的评价标准值，mg/L，本研究中总氮和总磷的评价标准值分别取 1.0 mg/L、0.2 mg/L（国家地表水水质标准 3 类水总氮、总磷含量标准）；F 为综合污染指数；F_{average} 为单因子污染指数平均值；$F_{\max}$ 为最大单因子污染指数。$F \leqslant 1.0$，表示清洁；$F > 1.0 \sim 1.5$，表示轻度污染；$F>1.5\sim2.0$，表示中度污染；$F>2.0$，表示重度污染。

澎溪河段从上游到下游氮、磷含量变化显著（见表5-4），且总氮含量在上游段S5显著高于下游段S1～S2，而总磷含量下游段S2显著高于上游段S5～S6。综合评价指数显示，上中游段S3～S6有氮、磷污染，而下游段S1～S2无明显氮磷污染。

表5-4 氮磷营养盐含量及污染评价

样点	总 氮	总 磷	F	评 价
S1	0.085±0.005e	0.008±0.000d	0.106±0.005	清洁
S2	0.135±0.000e	0.073±0.003a	0.441±0.016	清洁
S3	1.290±0.069d	0.046±0.004b	1.497±0.073	轻度污染
S4	1.422±0.018b	0.025±0.002c	1.620±0.020	中度污染
S5	1.609±0.037a	0.043±0.001b	1.850±0.041	中度污染
S6	1.356±0.022c	0.025±0.003c	1.546±0.027	中度污染

注：各数据以平均值±标准误差表示。每一列不同字母表示各样本之间同一指标差异显著（$P<0.05$）。F表示氮磷污染综合评价指标。

5.4.6 浮游动物群落结构和多样性、种类相似性分析与评价

以优势度指数Y确定，以$Y\geqslant0.02$的浮游动物种类视为优势种。

$$Y=(n_i/N)\times f_i \tag{5-7}$$

式中，n_i为第i种的个体数；N为所有种类总个体数；f_i为i种在各个采样点出现的频率。

利用Shannon-Wiener指数（H'）和Pielou均匀度指数（J'）、Margalef丰富度指数（D_m）对浮游动物群落多样性进行分析，公式为：

$$H'=-\sum(P_i\times\ln P_i) \tag{5-8}$$

$$J'=H'/\ln S \tag{5-9}$$

$$D_m=(S-1)/\ln N \tag{5-10}$$

式中，P_i为第i种生物的个体数在全部个体中的占比；N为所有种类的总个体数；S为总物种数量。

5.4.6.1 浮游动物种类组成

澎溪河6个监测样点中，浮游动物种类在上游河段S5和S6略高于下游河段S1和S2，但在S3处最多，见表5-5。从种类组成来看：甲壳纲，主要指桡足类（包括哲水蚤目、猛水蚤目、剑水蚤目）和枝角类（包括笔纹溞、船卵溞属、粗毛溞、大尾溞属、低额溞、顶冠溞、龟甲轮、基合溞属、尖额溞、宽尾溞、裸腹溞、泥溞属、盘肠溞、平直溞属、锐额溞、透明薄皮溞、透体溞属、弯尾溞、网纹溞属、象鼻溞、秀体溞属、圆囊蚤）共25种，占浮游动物出现种数的81%；

轮虫纲（包括剪形臂尾轮虫、猪吻轮虫属轮虫、鞍甲轮虫）共4种，占浮游动物出现种数的13%；昆虫纲（摇蚊幼虫）和寡毛纲（颤蚓）各1种，分别占浮游动物出现种数的3%。

表5-5 各监测样点浮游动物分布情况

采样点	种类数量/种	占浮游动物出现种数的比例/%
S1	14	45.16
S2	13	41.94
S3	22	70.97
S4	12	38.71
S5	18	58.06
S6	20	64.52

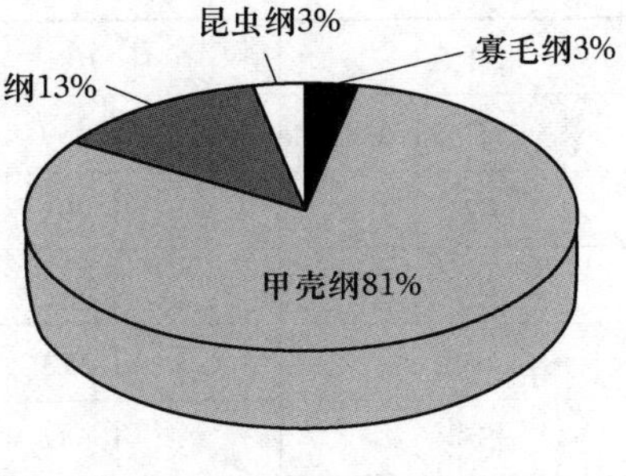

5.4.6.2 浮游动物密度与生物量的空间分布

在浮游动物密度和生物量组成中，以枝角类和桡足类密度和生物量为主，最高值出现在中游段S3处。该样点枝角类的泥溞属为优势种，密度为270 ind./L，生物量为4.02 mg/L，远高其他样点的其他浮游动物，见表5-6。根据站点位置结合优势种的生存习性分析，S3的河口静水面大，更适合浮游动物大量繁殖生存，而泥溞属也一般在湖泊和河流的静止水体中生存。

表5-6 监测样点浮游动物密度和生物量统计

样地	物种/门	总密度/ind.·L^{-1}	总生物量/mg·L^{-1}	样地	物种/门	总密度/ind.·L^{-1}	总生物量/mg·L^{-1}
S1	桡足类	8.4	0.08	S5	桡足类	18.0	0.18
	枝角类	62.4	1.05		枝角类	103.2	1.68
S2	桡足类	44.4	0.44		昆虫纲	1.2	0.02
	枝角类	85.2	1.32		寡毛纲	1.2	0.02
	轮虫类	2.4	0.04	S6	桡足类	21.6	0.22
S3	桡足类	60.0	0.60		枝角类	84.0	1.32
	枝角类	208.8	3.40		轮虫类	3.6	0.04
	轮虫类	1.2	0.02		昆虫纲	1.2	0.02
S4	桡足类	22.8	0.23				
	枝角类	84.0	1.31				

由表5-7可知，澎溪河浮游动物Shannon-Wiener多样性指数（H'）变化范围为0.919～2.335，平均值为1.610；S6和S3的物种多样性具有显著性差异。

Pielou 均匀度指数（J'）变化范围为0.300~0.780，平均值为0.600；S6 和S3 差异较大，S2、S5、S4 差异不显著。Margalef 丰富度指数（D_m）变化范围为1.345~2.317，S6 和S4 差异较大。整体上，多样性、均匀度和丰富度最大均出现在上游支流 S6 段，最小值均出现在中游支流 S3 或S4 段。

表 5-7　澎溪河的浮游动物群落的多样性指数值

采样点	H'	J'	D_m
S1	1.459	0.550	1.674
S2	1.791	0.700	1.430
S3	0.919	0.300	2.306
S4	1.573	0.630	1.345
S5	1.647	0.570	2.042
S6	2.335	0.780	2.317

注：H'为 Shannon-Wiener 指数；J'为 Pielou 均匀度指数；D_m 为 Margalef 丰富度指数。

5.4.7　种类相似性以及优势种的生态位宽度与重叠度评价

运用 Jaccard 种类相似性指数计算各站点的物种相似度。其计算公式如下：

$$S_j = c/(a+b-c) \tag{5-11}$$

式中，a、b 分别为两个样地浮游动物种类数；c 为相同的浮游动物种类数；S_j 为浮游动物相似性指数，$0 \leqslant S_j < 0.25$ 为极度不相似，$0.25 \leqslant S_j < 0.5$ 为轻度相似，$0.5 \leqslant S_j < 0.75$ 为中度相似，$0.75 \leqslant S_j < 1$ 为极其相似，$S_j = 1$ 为完全相似。

生态位宽度是指一个种群在一个群落中利用的各种不同资源的总和。在可利用资源量较少的情况下，生态位宽度一般应该增加，以使种群得到足够的资源。生态位重叠指的是生态位之间的重叠现象，它涉及资源分享的数量关系到两个物种的生态位可以相似到多大程度而仍然允许共同生存，或相互竞争的物种究竟能有多么相似才能稳定地共同生活在一起。因此，生态位重叠是两个种在其与生态因子联系上的相似性。

分别利用 Levins 公式和 Petrailis 公式计算生态位宽度（B_i）与生态位重叠（O_{ik}）。其计算公式如下：

$$B_i = 1/r \times \sum P_{ij}^2 \tag{5-12}$$

$$O_{ik} = \sum P_{ij} P_{kj} / \sqrt{\sum P_{ij}^2 \sum P_{kj}^2} \tag{5-13}$$

式中，B_i 为浮游动物生态位宽度指数；O_{ik}为浮游动物生态位重叠指数；r 为总点位数；P_{ij}、P_{kj}分别为浮游动物 i 和 k 在 j 点位的个体数占该种所有站点个体数的比例。

一般情况下，将生态位宽度分为广生态位（$B_i > 0.60$）、中生态位（$B_i =$

0.30~0.60）和窄生态位（B_i<0.30）三大类群。

5.4.7.1 种群相似度分析

种类相似度可以反映不同采样点的物种差异性和相似性。S1、S5 和 S6 三个采样点之间以及 S2 和 S6 之间，S1 和 S3 之间相似度均高于 0.5，为中度相似；其余站点两两之间的种类相似度均小于 0.5，为轻度相似。根据样点位置分析，S1、S2、S4 位于澎溪河干流，受河流流速的影响较大，两两之间为中度相似；S3、S5 和 S6 均在支流，两两之间物种相似性较高，如图 5-1 所示。

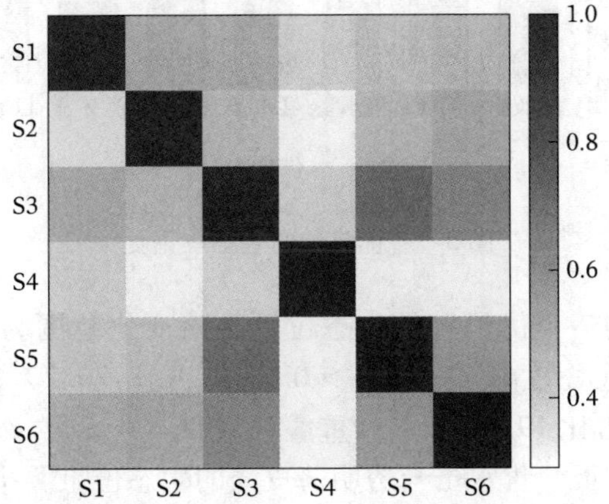

图 5-1 彩图

图 5-1 监测样点浮游动物种类相似度

5.4.7.2 浮游动物优势种的优势度、生态位宽度和生态位重叠度分析

如图 5-2 所示，在澎溪河的 31 种浮游动物群落中共有 7 种优势物种，包括泥溞、哲水蚤、猛水蚤、剑水蚤、透明薄皮溞、秀体溞和粗毛溞。其中，优势度最高的是泥溞（Y=0.440），最低的是粗毛溞（Y=0.025）。

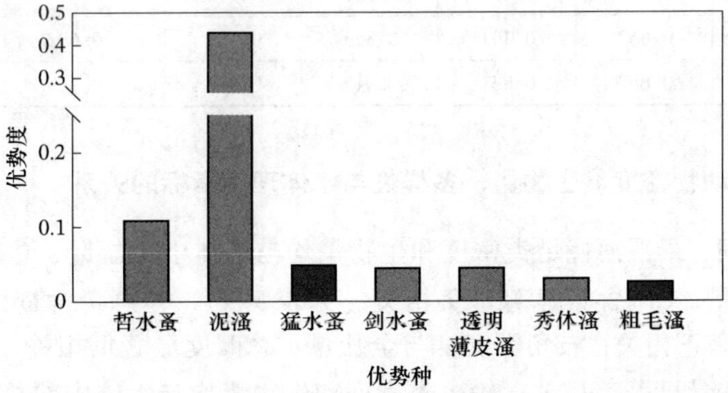

图 5-2 优势种的优势度

如图5-3所示，7种优势物种中，猛水蚤（B_i =0.070）生态位宽度明显宽于其他物种（0.030～0.056），泥溞虽优势度最高，但生态位宽度相对最窄。

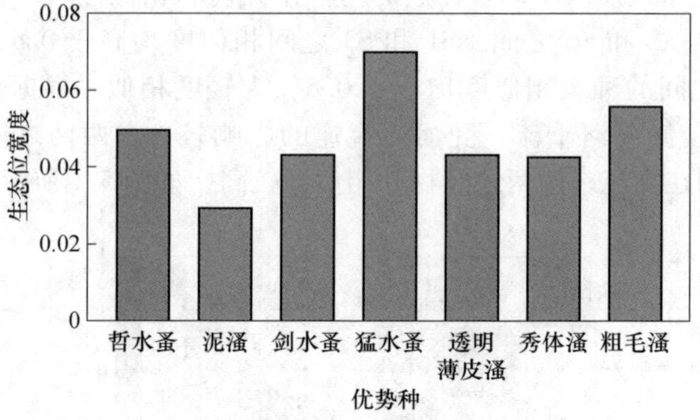

图5-3 优势种的生态位宽度

澎溪河浮游动物7个优势种的生态位重叠值变化范围为0.208～0.978（见表5-8），有16对重叠度较高（O_{ik} >0.6），占比76.2%；4对重叠度中度（0.3< O_{ik} <0.6），占比19.0%；1对重叠度较低（0< O_{ik} <0.3），占比4.8%。其中，剑水蚤与猛水蚤、哲水蚤与透明薄皮溞的生态位重叠指数最高，剑水蚤与哲水蚤生态位重叠指数最低。

表5-8 优势种生态位重叠度

优势种	哲水溞	猛水蚤	剑水溞	泥溞	透明薄皮溞	粗毛溞
猛水蚤	0.448					
剑水蚤	0.208	0.978				
泥溞	0.689	0.817	0.903			
透明薄皮溞	0.978	0.499	0.601	0.716		
粗毛溞	0.567	0.491	0.853	0.789	0.692	
秀体溞	0.667	0.831	0.915	0.931	0.729	0.906

5.4.8 浮游动物密度、生物量、多样性与水体理化指标的关系

调查期间，彭溪河桡足类密度和生物量均与水体中全盐量、总碱度、HCO_3^-含量、K^+含量、Cl^-含量显著呈负相关（见表5-9），与总磷含量、Mg^{2+}含量、SO_4^{2-}含量显著正相关；枝角类密度与全盐量、总碱度显著负相关，而枝角类生物量仅与全盐量显著负相关；轮虫类密度和生物量均与水体中的总碱度、CO_3^{2-}含量显著负相关（见表5-10），与总磷含量显著正相关。

表 5-9 浮游动物的密度和生物量与水体盐碱度和氮磷指标之间的相关系数值

项 目	盐碱化指标								营养盐
	全盐量	总碱度	CO_3^{2-}	HCO_3^-	Mg^{2+}	K^+	Cl^-	SO_4^{2-}	总磷
桡足类密度	-0.836①	-0.621①		-0.536②	0.519②	-0.532②	-0.470②	0.476②	0.702①
桡足类生物量	-0.836①	-0.621①		-0.586②	0.519②	-0.532②	-0.470②	0.476②	0.702①
枝角类密度	-0.766①	-0.478②							
枝角类生物量	-0.753①								
轮虫类密度		-0.473②	-0.477②						0.534①
轮虫类生物量		-0.473②	-0.477②						0.534①

注：参与相关性分析的水体理化指标包括 K^+、Ca^{2+}、Na^+、Mg^{2+}、CO_3^{2-}、HCO_3^-、Cl^-、SO_4^{2-}；pH 值、全盐量、碱化度、总碱度；总氮、总磷。

① $P<0.01$。

② $P<0.05$，$n=18$。

表 5-10 浮游动物多样性指数与水体盐碱度和氮磷指标之间的相关系数值

项 目	盐碱化指标			营养盐指标
	全盐量	CO_3^{2-}	Ca^{2+}	总氮
H'	0.595①		0.535②	
J'	0.600①		0.476②	
D_m		-0.641②		0.493②

注：参与相关性分析的水体理化指标包括 K^+、Ca^{2+}、Na^+、Mg^{2+}、CO_3^{2-}、HCO_3^-、Cl^-、SO_4^{2-}；pH 值、全盐量、碱化度、总碱度；总氮、总磷。

① $P<0.01$。

② $P<0.05$，$n=18$。

Shannon-Wiener 指数和均匀度指数均与全盐量、Ca^{2+} 含量显著正相关；丰富度指数与总氮显著正相关，与 CO_3^{2-} 含量显著负相关。

5.4.9 浮游动物的群落结构和生物多样性关系分析

云阳县彭溪河处于亚热带季风气候区，浮游动物种类以亚热带水体常见种为主。研究期间共检测出浮游动物 31 种，以枝角类为主，轮虫类和桡足类等占少数。研究表明，悬浮物的存在可以改变浮游动物的群落结构，当水中无悬浮物时，枝角类能够在短时间内大量繁殖，迅速占据优势的生态位，成为优势种。这与国内许多水体浮游动物种类组成结构相似，具有典型的湖泊、湿地浮游动物群落结构特征。

云阳县彭溪河对于不同采样点浮游动物的密度和生物量的分析，表明了浮游动物优势种受到不同环境因子的影响而表现出差异性，六个水生态监测站点之间的浮游动物种类最大相似度为0.71，为中度相似。考虑到不同监测站点所在河流位置差异导致各监测站点的水环境因子变化较大，从而影响了浮游动物的正常生长和繁殖，造成浮游动物的密度与生物量同步变化。如S3、S5和S6位于支流河口，河口水面相对干流更为宽阔，水流速度相对较缓，这三处的物种相似度也较高；S1、S2和S4均位于干流断面，水环境变化较快，两站点之间的物种相似度相对较低。

5.4.10 浮游动物的优势种和生态位宽度关系分析

生态位宽度能够衡量不同物种对于环境的适应性及多样性，表明猛水蚤和粗毛溞等优势种对于环境变化的适应性最强，主要是由于这类物种对水中资源的利用效率较高，抗逆能力较高。泥溞、剑水蚤以及哲水蚤的生态位宽度相差较大，表明各优势种对于彭溪河流域不同河段环境变化的适应能力差异性较大。

生态位重叠值反映了不同种群之间对于同一资源的共同利用程度。研究表明，生态位宽度较大的种群与其他种群之间的重叠值也往往较大，尤其是广生态位的种属之间的重叠值往往较高，如本研究中的剑水蚤与猛水蚤的重叠值（0.978）最高。但是，某些种群对于资源的利用具有一定的特异性，占据生态位宽度较小，与其他种群的生态重叠值较高，如本研究中的泥溞生态位宽度是优势种中最小的，与其他所有优势种的重叠度均大于0.6。两个物种之间的生态位重叠值大于0.6，则代表两物种间的生态位重叠较为显著，对于环境的选择高度重合。剑水溞与除哲水蚤之外的其他所有优势种的重叠度也均大于0.6。结果表明本研究中多种优势种在环境选择上都较为相似，这意味着它们在生存空间上彼此追随密切。

5.4.11 水环境因子对浮游动物生态学指标的影响分析

盐碱度是影响水生动物生存、生长、代谢的主要因素之一，各种浮游动物生长都有适宜的盐碱度范围，在合适的盐碱度范围内对浮游动物的生长起到促进作用。盐碱水的离子组成和主要离子比值复杂，盐碱度的变化会影响到离子及离子间比值的影响，从而直接影响生物的渗透调节能力，当这种水环境因子超出生物渗透调节能力时，甚至生物的正常生长生存都将受到严重威胁。

本研究六个采样点中全盐量含量相差较小，其中S5的全盐量较高，为27.748 mg/L，可能破坏水体的生态平衡，导致浮游生物死亡率增加，因此S5的浮游动物数量相对较少。六个采样点中总碱度差异明显，总碱度范围0.080（S3）~0.260（S1）。适宜的总碱度能让水体pH值波动较小，缓冲能力增强，其他水质指标也更为稳定，为浮游动物提供了良好的生存环境，有利于浮游动物的稳定生长。S1 的总碱度最高，对浮游动物的生长和繁殖有一定的负面影响（见表 5-9），数据显示该采样点的生物量和密度均明显低于其他采样点（见表 5-7）。pH 值对水质和浮游动物群落结构有重要影响作用，本研究澎溪河水体整体呈现弱碱性；有研究显示在弱碱性和强碱性条件下，沉积物中氮、磷元素的释放量明显提高，可能会引起澎溪河内源性氮磷污染。

水体 pH 值、总碱度、碱化度和全盐作为衡量水体盐碱程度的综合指标，它们与 8 种可溶性盐离子含量密切相关。本研究中，pH 值、总碱度和碱化度均与除了 CO_3^{2-} 外的其他 7 种可溶性盐离子显著相关；全盐量只与 CO_3^{2-} 显著正相关（$P < 0.01$）。本研究显示，在一定范围内，水体中盐碱度的强化对浮游动物的密度和生物量产生负向影响，但对其多样性有正向影响；营养盐总磷对浮游动物的密度和生物量产生正向影响，尤其是桡足类和轮虫类，总氮对丰富度产生正向影响。有研究报道了水体碱度（pH 值）、盐度和营养盐对水体微生物的多样性和群落结构的共同作用。一般情况下，盐碱会抑制水体微生物的繁殖，而高的营养盐会减轻特定微生物的碱度和盐度限制。

综上可见，云阳澎溪河水体盐度、碱度和营养盐共同影响了浮游动物的多样性和群落结构。该河的六个水生生态监测样点共鉴定出浮游动物 31 种，其中桡足类 3 种、枝角类 22 种、轮虫类 4 种、昆虫纲 1 种、寡毛纲 1 种，优势种为枝角类。浮游动物的多样性和群落结构差异主要体现在干流与支流河口的位置影响上，各采样点间浮游动物种类相似度为中度。生态位重叠值表明多种优势种在环境选择上都较为相似，资源竞争激烈，其中以剑水蚤、猛水蚤与泥溞为典型代表。全盐量、总碱度和总磷是影响浮游动物多样性和群落结构变化的主要环境因子。因此，云阳澎溪河浮游动物群落结构是水体盐碱度和营养盐共同作用的结果。

参考文献

[1] 蔡信之，黄君红．微生物学实验［M］．4 版．北京：科学出版社，2019.
[2] 丁林贤，盛贻林，陈建荣．环境微生物学实验［M］．北京：科学出版社，2016.
[3] 高冬梅，洪波，李锋民．环境微生物实验［M］．青岛：中国海洋大学出版社，2014.
[4] 姜彬慧，李亮，方萍．环境工程微生物学实验指导［M］．北京：冶金工业出版社，2011.
[5] 黄敏，郭晓奎．医学微生物学［M］．9 版．北京：人民卫生出版社，2024.
[6] 龙建友，阎佳．环境工程微生物实验教程［M］．北京：北京理工大学出版社，2019.
[7] 沈萍．微生物学［M］．2 版．北京：高等教育出版社，2006.
[8] 王玉兰．环境微生物学实验方法与技术［M］．北京：化学工业出版社，2009.
[9] 张小凡，袁海平．环境微生物学实验［M］．北京：化学工业出版社，2021.
[10] 周长林．微生物学［M］．3 版．中国医药科技出版社，2015.
[11] 周德庆．微生物学教程［M］．3 版．北京：高等教育出版社，2011.
[12] 孙海博，王小豪，何苗，等．长江如皋段的浮游动物群落结构及其与水环境因素的关系［J］．湿地科学，2023，21（4）：555-563.
[13] BONECKER C C，SIMOES N R，MINTE-VERA C V，et al. Temporal changes in zooplankton species diversity in response to environmental changes in all alluvial valley［J］. Limnologica，2013，43（2）：114-121.
[14] 赵世高，董伟萍，王青，等．白荡湖流域水文连通对浮游生物群落结构的影响［J］．环境工程，2023，41（1）：1-9，111.
[15] 杨亮杰，吕光汉，竺俊全，等．横山水库浮游动物群落结构特征及水质评价［J］．水生生物学报，2014，38（4）：720-728.
[16] 安睿，王凤友，于洪贤，等．三环泡湿地浮游动物功能群季节变化及其影响因子［J］．生态学报，2017，37（6）：1851-1860.
[17] JEPPESEN E，NGES P，DAVIDSON TA，et al. Zooplankton as indicators in lakes：A scientific-based plea for including zooplankton in the ecological quality assessment of lakes according to the European Water Framework Directive（WFD）［J］. Hydrobiologia，2011，676（1）：279-297.
[18] HELAOUËT P，BEAUGRAND G. Physiology，ecological niches and species distribution［J］. Ecosystems，2009（12）：1235-1245.
[19] BATES O K，OLLIER S，BERTELSMEIER C. Smaller climatic niche shifts in invasive than non-invasive alien ant species［J］. Nature Communications，2020（11）：5213.
[20] 张靖泽，杨波，肖晶，等．贵州南盘江和北盘江后生浮游动物群落结构及优势种生态位特征［J］．生态学杂志，2023，42（9）：2184-2192.
[21] LIU J M，YU J L，SI W T，et al. Variations in bacterial diversity and community structure in the sediments of an alkaline lake in Inner Mongolia Plateau，China［J］. PeerJ，2023（11）：e15909.
[22] 王瑞萍，张义强，夏玉红，等．义长灌域耕地土壤盐碱化评价指标分析研究［J］．人民黄河，2022，42（S2）：279-281，286.

[23] 刘菊梅，肖振，司万童，等. 乌梁素海沉积物中营养盐的垂直分布特征及污染评价［J］. 环境污染与防治，2024，46（3）：373-379.

[24] 白海锋，宋进喜，龙永清，等. 红碱淖浮游动物群落结构特征及其与环境因子的关系［J］. 生态与农村环境学报，2022，38（8）：1064-1075.

[25] SIMPSON E H. Measurement of diversity［J］. Nature，1949（163）：188-688.

[26] COLWELL R K，FUTUYMA D J. On the measurement of niche breadth and overlap［J］. Ecology，1971（52）：567-576.

[27] 霍笑康，王永刚，周灵同，等. 结合生态网络解析白洋淀浮游生物生态位和种间联结性特征［J］. 环境科学，2024，45（9）：5298-5307.

[28] 龚森森，李雪梅，吴嘉伟，等. 湖北长湖夏、秋季浮游生物功能群特征及主要影响因子［J］. 水生生物学报，2022，46（5）：707-717.

[29] 李秋华，马一明. 桐梓河浮游植物优势种生态位与种间联结性分析［J］. 贵州师范大学学报，2022，40（2）：11-28.

[30] 刘烨凌，赵世高，董伟萍，等. 铜陵市河湖湿地浮游生物群落结构特征及影响因素［J］. 环境工程，2023，41（1）：10-17，131.

[31] 白海峰，王怡睿，宋进喜，等. 渭河陕西段浮游动物群落结构时空特征及其驱动因子［J］. 生态学杂志，2022，41（8）：1602-1610.

[32] 杨杰青，陈朗，杨阳阳，等. 长江口及邻近海域春、夏季浮游动物优势种时空生态位分析［J］. 中国水产科学，2022. 29（11）：1625-1635.

[33] WATHNE J A，HAUG T，LYDERSEN C. Prey preference and niche overlap of ringed seals Phoca hispida and harp seals P. groenlandica in the Barents Sea［J］. Marine Ecology Progress Series，2000，194：233-239.

[34] 徐文龙，汪惠庆，李月红. 国内外盐碱水域分布及水产养殖应用［J］. 中国水产，2021（7）：12-18.

[35] GAO J Y，FENG W Y，YANG F，et al. Effects of water quality and bacterial community composition on dissolved organic matter structure in Daihai lake and the mechanisms［J］. Environmental Research，2022，214（4）：114109.

[36] YUE L Y，KONG W D，JI M K，et al. Community response of microbial primary producers to salinity is primarily driven by nutrients in lakes［J］. Science of the Total Environment，2019，696（14）：134001.

附录 A 环境因子作用关系数据分析方法

A.1 皮尔逊相关性分析

微生物与环境因子之间的皮尔逊相关性分析是一种统计方法，用于量化两者之间的线性关系。以下是其原理、过程及结果的详细说明。

A.1.1 原理

皮尔逊相关系数（Pearson's r）衡量两个连续变量之间的线性相关程度，取值范围为［-1，1］：

（1）$r=1$，完全正相关；

（2）$r=-1$，完全负相关；

（3）$r=0$，无线性相关性。

前提假设是：

（1）数据需满足正态分布，可通过 Shapiro-Wilk 检验或直方图验证；

（2）变量间关系为线性，可通过散点图初步判断；

（3）数据为连续型且无异常值，需剔除或转换极端值。

A.1.2 分析过程

步骤 1：数据准备

（1）微生物数据：如 OTU 丰度、物种多样性指数（Shannon、Chao1 等）或功能基因丰度（需标准化或对数转换以降低偏态性）。

（2）环境因子数据：如 pH 值、温度、盐度、养分浓度（需统一量纲，标准化处理）。

步骤 2：计算相关系数

计算公式如下：

$$r=\frac{\sum(X_i-\overline{X})(Y_i-\overline{Y})}{\sqrt{\sum(X_i-\overline{X})^2\sum(Y_i-\overline{Y})^2}} \tag{A-1}$$

式中，X_i、Y_i 为微生物和环境因子的观测值；$\overline{X}$、$\overline{Y}$ 为均值。

步骤 3：显著性检验

假设检验：

原假设（H_0）：$r=0$（无相关性）；

备择假设（H_1）：$r\neq0$。

p 值：若 $p<0.05$（或更严格阈值如 0.01），拒绝 H_0，认为相关性显著。

自由度：$df=n-2$（n 为样本量）。

步骤 4：多重检验校正

当分析大量微生物–环境因子组合时（如多个 OTU vs 多个环境因子），需校正 p 值以减少假阳性（如 Bonferroni、FDR 方法）。

工具实现：

（1）R 语言：cor. test（）（单变量）、Hmisc：：rcorr（）（矩阵计算）；

（2）Python：scipy. stats. pearsonr、pandas. corr（）；

（3）可视化：热图（pheatmap 或 seaborn. heatmap）展示相关系数矩阵。

A.1.3 结果解读

输出内容：

（1）相关系数 r：强度与方向；

（2）$-p$ 值：统计显著性；

（3）置信区间（可选）：r 的可信范围。

（4）示例结果见表 A-1。

表 A-1 示例结果

微生物指标	环境因子	r	p	显著性
OTU001（拟杆菌）	pH 值	0.78	0.003	极显著（标记为**）
OTU002（厚壁菌）	温度	−0.45	0.032	显著（标记为*）

注：1. OTU001 与 pH 值显著正相关（$r=0.78$，$p=0.003$），表明 pH 值升高可能促进该菌生长；

2. OTU002 与温度负相关（$r=-0.45$，$p=0.032$），提示温度上升可能抑制其丰度。

A.1.4 注意事项

（1）非线性关系：若变量间为非线性关系（如 U 形曲线），建议改用 Spearman 秩相关或广义加模型（GAM）。

（2）混杂因素：环境因子之间可能相互影响（如温度与溶解氧），需通过偏相关分析或模型（如 Mantel 检验）控制干扰。

（3）生物学意义：统计显著≠生物学相关，需结合实验验证机制。

A.1.5 应用场景

（1）生态学研究：揭示驱动微生物群落变化的关键环境因子；

（2）环境工程：优化污水处理中的微生物群落调控策略；

（3）农业科学：分析土壤微生物对施肥/灌溉的响应。

通过皮尔逊相关性分析，可初步筛选潜在的关键环境因子，为后续实验设计（如微宇宙实验或宏基因组分析）提供方向。

A.2　主成分（冗余）分析

系统了解生态多元排序分析实验方法（PCA、PCOA、NMDS、CCA、RDA），掌握这五大主流排序方法的核心原理与适用场景，学会根据数据类型选择合适的排序方法并完成全流程分析，掌握不同排序方法的R语言实现及可视化技巧，能够对比解读排序结果并进行科学推论。

A.2.1　实验原理

A.2.1.1　多元排序方法的分类体系

生态排序方法通过降维技术揭示数据结构，分为两大体系，如图A-1所示。

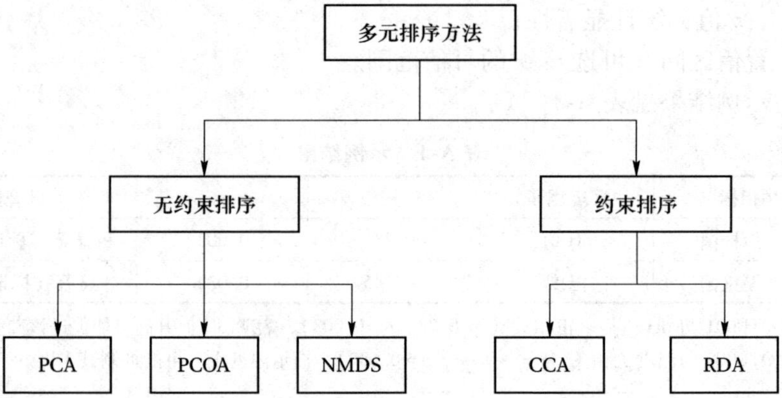

图A-1　多元排序方法

A.2.1.2　核心方法原理对比

（1）无约束排序方法，见表A-2。

表A-2　无约束排序方法

方法	数学基础	数据类型	核心假设	排序轴意义	典型应用场景
PCA	变量协方差矩阵	连续型数据	线性关系、正态分布	最大化数据方差的正交轴	环境因子综合降维
PCOA	任意距离矩阵，如Bray-Curtis	物种丰度/存在-缺失	无严格分布假设	保持原始距离的主坐标	群落β-多样性分析

续表 A-2

方法	数学基础	数据类型	核心假设	排序轴意义	典型应用场景
NMDS	秩次距离矩阵	任意类型（保序性）	无线性/正态假设	保序性最优低维空间	单峰分布数据或未知响应模型

（2）约束排序方法，见表 A-3。

表 A-3 约束排序方法

方法	约束条件	响应模型	数据要求	核心优势	典型应用场景
CCA	环境因子线性组合	单峰响应（HCA 模型）	物种数据矩阵（含零值）	揭示物种-环境单峰关系	植物群落与土壤因子分析
RDA	环境因子线性组合	线性响应（RLQ 模型）	连续型生态学指标矩阵	量化环境因子线性解释量	微生物丰度与环境梯度分析

（3）数学模型对比：

1）PCA 模型：

$$\boldsymbol{X} = \boldsymbol{T}\boldsymbol{P}^T + \boldsymbol{E} \tag{A-2}$$

式中，$\boldsymbol{T}$ 为主成分得分矩阵；$\boldsymbol{P}$ 为载荷矩阵；E 为残差。

2）CCA 典范模型，基于单峰响应的加权平均模型：

$$\begin{cases} Z_j = \sum_{i=1}^{n} \dfrac{w_{ij}x_i}{\sum_{i=1}^{n} w_{ij}} \\ \chi_j = \sum_{i=1}^{n} \dfrac{w_{ij}(x_i - Z_j)^2}{\sum_{i=1}^{n} w_{ij}} \end{cases} \tag{A-3}$$

式中，Z_j 为物种 j 的平均环境值；χ_j 为生态位宽度。

3）RDA 模型，约束性主成分分析：

$$\boldsymbol{Y} = \boldsymbol{X}\boldsymbol{B} + E,\quad \boldsymbol{Y}^T\boldsymbol{Y} = \boldsymbol{V}\boldsymbol{\Lambda}\boldsymbol{V}^T \tag{A-4}$$

式中，$\boldsymbol{Y}$ 为响应变量矩阵；$\boldsymbol{X}$ 为环境矩阵；$\boldsymbol{\Lambda}$ 为典范特征值矩阵。

A. 2. 2 材料与工具

（1）数据准备：

1）连续型指标数据：如土壤理化性质：pH 值、含水率、有机质等，格式：$\boldsymbol{n} \times \boldsymbol{p}$ 矩阵。

2）物种丰度数据：如植物群落调查数据（样方 × 物种矩阵，允许零值）。

3）环境因子数据：与上述数据样本量一致，包含连续/分类变量。

（2）软件环境：

1）R 语言（核心包）：vegan、ggplot2、ape、labdsv。

2）数据预处理工具：Excel（数据清洗）、PAST（辅助距离计算）。

3）高性能计算机：内存≥8 GB，确保大矩阵运算效率。

A.2.3 操作步骤

（1）模块一：无约束排序方法。

1）实验1：主成分分析（PCA）——环境因子降维。

① 步骤1：数据标准化。

```
env_data <- scale(env_data)  # 中心化+标准化(均值=0,方差=1)
```

② 步骤2：构建PCA模型。

```
pca_model <- prcomp(env_data, scale. =TRUE)
 summary(pca_model)  # 查看各主成分解释率
```

③ 步骤3：结果可视化。

```
碎石图 screeplot(pca_model, type = "lines", main = "PCA 碎石图", col = "blue")
载荷图(变量相关性)biplot(pca_model, col = c("red", "blue"), cex = c(0.8, 0.6))
```

2）实验2：主坐标分析（PCOA）——群落β-多样性。

① 步骤1：计算距离矩阵。

```
community_dist <- vegdist(community_data, method = "bray")  # Bray-Curtis 距离
```

② 步骤2：主坐标分析。

```
pcoa_model <- cmdscale(community_dist, k = 3, eig = TRUE)
 eigenvalues <- pcoa_model$eig/sum(pcoa_model$eig)  # 计算各轴解释率
```

③ 步骤3：二维排序图。

```
plot(pcoa_model$points[,1], pcoa_model$points[,2],
    xlab = paste("PCo1 (", round(eigenvalues[1] * 100,1), "%)", sep = ""),
    ylab = paste("PCo2 (", round(eigenvalues[2] * 100,1), "%)", sep = ""),
    main = "PCOA 排序图", pch = 19, col = "darkgreen")
```

3）实验3：非度量多维尺度分析（NMDS）——未知响应模型数据。

① 步骤1：初始化分析。

```
nmds_model <- metaMDS(community_data, distance = "bray", k =2, trymax =20)
```

② 步骤2：应力值检验（应力值<0.2可接受）。

```
stress <- stress(nmds_model) cat("Stress value:", stress, "\n")
 stressplot(nmds_model) # 绘制应力衰减曲线
```

③ 步骤3：排序图绘制。

```
plot(nmds_model, type = "n", main = "NMDS 排序图")
 points(nmds_model, display = "sites", col = "purple", pch =16)
 text(nmds_model, display = "labels", cex =0.7, pos =3)
```

（2）模块二：约束排序方法。

1）实验4：典范对应分析（CCA）——物种数据单峰响应。

① 步骤1：数据预处理（物种数据建议 Hellinger 变换）。

```
library(labdsv)
 species_hell <- decostand(species_data, "hellinger")
```

② 步骤2：构建 CCA 模型。

```
cca_model <- cca(species_hell ~ ., data = env_data)
```

③ 步骤3：蒙特卡罗置换检验（999 次置换）。

```
anova(cca_model, perm = 999, test = "F")  # 整体模型显著性
 anova.cca(cca_model, by = "axis", perm = 999)  # 各轴显著性
```

④ 步骤4：双序图绘制。

```
plot(cca_model, type = "n", main = "CCA 双序图")
 points(cca_model, "sites", col = "blue", pch = 16, cex = 0.8)  # 样本点
 points(cca_model, "species", col = "red", pch = 17, cex = 0.6)  # 物种点
 text(cca_model, "bp", col = "green", cex = 0.9)  # 环境因子箭头
```

2）实验5：冗余分析（RDA）——连续型指标线性响应。

① 步骤1：数据筛选（去除 VIF > 10 的共线性因子）。

```
library(car)
vif_values <- vif(lm(Y ~ ., data = X))
X_filtered <- X[,vif_values < 10]
```

② 步骤2：构建 RDA 模型。

```
rda_model <- rda(Y ~ ., data = X_filtered)
```

③ 步骤3：环境因子筛选（向前选择法）。

```
step_rda <- ordistep(rda_model, direction = "forward", perm = 999)
```

④ 步骤4：变异分解（分组环境因子解释量）。

```
env_group1 <- X[,1:3]  # 生物因子
env_group2 <- X[,4:6]  # 非生物因子
varpart_result <- varpart(Y, env_group1, env_group2)
plot(varpart_result, main = "变异分解图")。
```

（3）模块三：方法对比。

1）关键操作：使用同一数据集分别运行 CCA 和 RDA，对比输出结果。

2）检查物种数据是否适合线性/单峰模型（通过 DCA 分析轴长：轴长 >4 建议 CCA，<3 建议 RDA）。

```
dca_result <- decorana(species_data)
cat("DCA 轴长:", dca_result$lmin[1], "\n")  # 第一轴长度决定模型选择
```

A.2.4 结果解读要点

几种排序方法的解读要点见表 A-4。

表 A-4 几种排序方法的解读要点

方　法	关键输出	生物学解释
PCA	主成分贡献率	环境梯度主导方向
PCoA	主坐标解释度	群落差异的空间表征
NMDS	应力值	排序可信度评估
CCA	约束轴解释量	环境因子的生态效应

A.2.5 注意事项

（1）数据预处理：对数转换、Hellinger 转化。

（2）样本量要求：环境因子数不大于1/3 样本量。

（3）选择排序轴：蒙特卡罗检验确定显著轴。

（4）图形优化：标准化缩放比例（scaling = 2）。

（5）方法选择流程图（见图 A-2）：连续变量→PCA/PCoA，非线性关系→NMDS，环境解释→CCA/RDA。

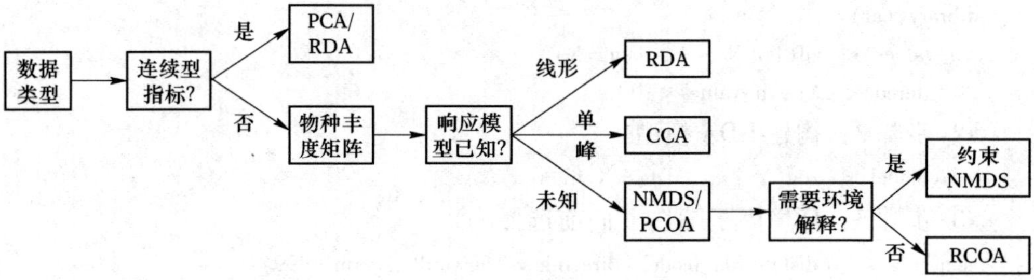

图 A-2 数据类型方法的选择流程

A.2.6 常见问题与解决方案

（1）数据非正态性：

1）PCA/RDA：先进行对数转换或 Box-Cox 变换。

2）CCA：Hellinger 变换对物种数据正态性有改善作用。

（2）小样本问题（$n \leqslant 2p$）：

1）改用稳健方法，如 Bootstrap 抽样。

2）优先选择非参数方法，如 NMDS。

（3）排序轴解释率低：

1）检查是否遗漏关键环境因子。

2）尝试非线性模型，如 GAM 结合排序分析。

A. 2. 7　方法误用风险

（1）对存在大量零值的物种数据直接使用 RDA：应先判断响应模型，单峰数据需用 CCA。

（2）在 NMDS 分析中过度解读轴的生物学意义：NMDS 轴仅代表相对顺序，无实际量纲。

A. 3　结构方程模型（SEM）

结构方程模型（structural equation models，SEM）是一种整合了因子分析与路径分析的多元统计方法，可同时处理多变量间的直接效应、间接效应和潜变量关系。在生态学研究中，常用于分析：

（1）环境因子（如温度、降水、土壤养分）对生态学指标（如物种多样性、生物量、生态系统功能）的直接影响。

（2）潜变量（如“环境压力”“生态健康”）通过可观测变量（如污染物浓度、物种丰富度）的间接作用。

（3）复杂因果网络中多重路径的综合效应。

A. 3. 1　基本模型框架

SEM 包含测量模型和结构模型两大子模型。

A. 3. 1. 1　测量模型（measurement model）

描述潜变量（latent variable，LV）与观测变量（observed variable，OV）之间的关系，即验证性因子分析（CFA），公式如下：

$$X = \boldsymbol{\Lambda}_x \xi + \delta$$
$$Y = \boldsymbol{\Lambda}_y \eta + \varepsilon \tag{A-5}$$

式中，ξ、η 为外生潜变量（如“气候因子”）和内生潜变量（如“群落结构”）；$\boldsymbol{\Lambda}_x$、$\boldsymbol{\Lambda}_y$ 为因子载荷矩阵；δ、ε 为观测变量的误差项。

A. 3. 1. 2　结构模型（structural model）

描述潜变量之间的因果关系，即路径分析，公式如下：

$$Z = \boldsymbol{B}\eta + \boldsymbol{\Gamma}\xi + \zeta \tag{A-6}$$

式中，$\boldsymbol{B}$ 为内生潜变量间的路径系数矩阵；$\boldsymbol{\Gamma}$ 为外生潜变量对内生潜变量的路径系数矩阵；ζ 为结构模型的残差项。

A. 3. 2　数据准备与预处理

A. 3. 2. 1　变量分类与研究设计

几种变量类型的定义与生态学示例见表 A-5。

表 A-5 几种变量类型的定义与生态学示例

变量类型	定 义	生态学示例
外生变量	自变量，不受其他变量影响（因果链起点）	环境因子：温度、降水量、土壤 pH 值、氮磷含量
内生变量	因变量，受其他变量影响	生态学指标：物种丰富度、生物量、群落均匀度
潜变量	无法直接观测，需通过多个观测变量间接测量	环境压力：由污染物浓度、人类活动强度等观测变量反映
中介变量	外生变量影响内生变量的中间桥梁	土壤养分：连接“施肥量”与“植物生长”
调节变量	影响变量间关系强度或方向的变量	海拔：调节“温度”对“物种分布”的效应

A. 3. 2. 2 数据收集与质量控制

（1）数据来源：

1）观测数据，如样地调查、遥感反演；

2）实验数据，如控制实验中的处理组与对照组。

（2）数据清洗：

1）缺失值处理：MCAR（完全随机缺失）采用均值插补、MICE 多重插补，MAR（随机缺失）结合变量相关性插补；

2）异常值检测：Z-score 法（$|Z|>3$）、箱线图法，需结合生态学背景判断异常值是否保留；

3）空间自相关检验：Moran's I 指数，若存在显著自相关，可引入空间权重矩阵或地理加权 SEM（GW-SEM）。

A. 3. 2. 3 变量转换与标准化

非正态变量：对数转换（如生物量）、平方根转换（稀有物种计数）；

标准化：对连续变量进行 Z-score 标准化（均值为 0，标准差为 1），便于比较路径系数大小；

分类变量：虚拟编码（如土地利用类型：森林 =1，农田 =0）。

A. 3. 3 模型构建与估计

A. 3. 3. 1 测量模型构建（验证性因子分析，CFA）

（1）潜变量定义：基于生态学理论或文献，确定潜变量对应的观测变量（如“土壤肥力”由有机质、氮、磷、钾含量共同测量）。

（2）模型设定：

1）设定因子载荷（Λ_x，Λ_y），默认每个观测变量仅对应一个潜变量（单维度）；

2）误差项方差设为正数，潜变量方差通常固定为1（参考变量法）或自由估计。

（3）拟合标准：

1）因子载荷绝对值≥0.5，且显著（$p<0.05$）；

2）平均变异抽取量（AVE）≥0.5，组合信度（CR）≥0.7（评估收敛效度）；

3）潜变量间相关系数绝对值<0.9（避免多重共线性）。

A.3.3.2　结构模型构建（路径分析）

（1）理论驱动建模：根据生态学假设（如"环境胁迫→物种丧失→生态系统功能下降"）绘制路径图，区分直接路径（如温度→生物量）和间接路径（如温度→土壤水分→生物量）。

（2）模型估计方法：

1）极大似然估计（ML）：适用于多元正态分布数据，输出参数标准误和显著性检验；

2）广义加权最小二乘法（GWLS）：处理非正态数据或异方差问题；

3）贝叶斯估计：小样本或复杂模型时使用，需设定先验分布。

（3）内生性处理：若外生变量与误差项相关（如未观测到的混杂因子），采用工具变量法（Ⅳ）或两阶段最小二乘法。

A.3.3.3　模型识别规则

（1）阶条件：模型自由参数≤观测变量协方差矩阵元素数。

（2）秩条件：每个内生变量的结构方程至少排除（$k-1$）个外生变量（k 为方程中外生变量总数）。

（3）过度识别模型需通过拟合度检验验证合理性。

A.3.4　模型拟合与修正

A.3.4.1　拟合度评估指标

三种拟合度评估指标见表A-6。

表A-6　三种拟合度评估指标

指标类型	指标名称	推荐阈值	生态学研究注意事项
绝对拟合指标	RMSEA（近似误差均方根）	<0.08（可接受） <0.05（优良）	对小样本敏感，结合90%置信区间（不包含0.08）
	SRMR（标准化残差均方根）	<0.08	受变量标准化方式影响
	GFI（拟合优度指数）	>0.9	对复杂模型严格，可结合AGFI（调整GFI）

续表 A-6

指标类型	指标名称	推荐阈值	生态学研究注意事项
相对拟合指标	CFI（比较拟合指数）	>0.9（优良） >0.8（可接受）	优于 NFI、IFI，对模型复杂度鲁棒性强
	TLI（塔克-刘易斯指数）	>0.9	对非正态数据更稳健
简约拟合指标	AIC/BIC	越小越好，且不低于饱和模型和独立模型	模型选择时优先 AIC，多模型比较时 BIC 更适用于大样本

A.3.4.2　模型修正策略

（1）修正指数（modification index，MI）：若 MI >4（卡方分布临界值，df = 1 时 $p<0.05$），可考虑添加观测变量误差项相关或潜变量间路径，但需符合生态学理论（例如，同一环境梯度下的变量可能存在测量误差相关性）。

（2）删除不显著路径：路径系数 $p>0.05$ 时，逐步删除并重新估计模型，避免过度拟合。

（3）处理多重共线性：计算方差膨胀因子（VIF），VIF >10 时通过变量筛选（如保留主成分）或分组分析解决。

A.3.4.3　稳健性检验

样本拆分检验：将数据分为两半，分别估计模型，比较路径系数一致性；

替换估计方法：如从 ML 切换至稳健 ML（MLR），观察拟合度指标变化；

敏感性分析：调整潜变量的观测变量构成，检验核心路径的显著性是否稳定。

A.3.5　结果解释与生态学意义

A.3.5.1　路径系数解读

直接效应（direct effect）：外生变量对内生变量的直接影响（如 CO_2 浓度→植物光合速率）；

间接效应（indirect effect）：通过中介变量的影响（如 CO_2 浓度→土壤碳储量→微生物多样性），计算公式为：

$$\text{间接效应} = \text{路径系数}1 \times \text{路径系数}2 \tag{A-7}$$

总效应（total effect）：直接效应与间接效应之和，反映变量间的综合影响。

A.3.5.2　潜变量分析

潜变量得分：通过加权法（如因子得分系数）计算，用于后续回归或空间分析（如绘制“生态健康”空间分布图）；

效应分解：量化外生潜变量对内生潜变量的解释率（例如，“气候因子”解释“群落结构”变异的40%）。

A.3.5.3 模型局限性讨论

忽略非线性关系：可通过引入二次项或分段函数扩展模型；

未考虑时间滞后效应：适用于面板数据的动态SEM（如LISREL模型）；

空间异质性：结合地理加权SEM（GW-SEM）或分层线性模型（HLM）处理。

A.3.6 案例分析——环境因子对湿地生态系统的影响

A.3.6.1 研究问题

探究“气候因子”（温度、降水量）和“人类活动”（施肥量、排水强度）对“湿地生物多样性”（物种丰富度、均匀度）的直接与间接影响，其中“土壤养分”（氮、磷含量）作为中介变量。

A.3.6.2 模型构建

（1）测量模型：

1）潜变量“气候因子”由温度、降水量测量；

2）潜变量“人类活动”由施肥量、排水强度测量；

3）潜变量“土壤养分”由氮、磷含量测量；

4）内生变量“植物多样性”为观测变量（物种丰富度、均匀度）。

（2）结构模型路径：

1）气候因子→土壤养分→生物多样性；

2）人类活动→土壤养分→生物多样性；

3）气候因子、人类活动→生物多样性（直接路径）。

A.3.6.3 关键结果

（1）温度对生物多样性的直接效应为0.32（$p<0.01$），通过土壤养分的间接效应为0.15（$p<0.05$）。

（2）施肥量对土壤养分的效应最强（因子载荷=0.85），但对生物多样性的直接效应不显著（$p=0.12$），表明过度施肥可能通过土壤养分失衡间接降低多样性。

（3）模型拟合度：CFI=0.92，RMSEA=0.06，表明拟合良好。

A.3.7 常用软件与代码示例

A.3.7.1 软件推荐

Mplus：适合复杂模型（潜变量、中介效应），代码可读性强。

R（lavaan包）：开源且灵活，适合编程化分析。

AMOS：图形化界面，适合初学者快速建模。

A.3.7.2 R语言代码示例（lavaan包）

（1）安装与加载包：

```
install.packages("lavaan")
library(lavaan)
```

定义模型公式（测量模型+结构模型）：

```
model <-'
```

（2）测量模型：

```
Climate =~ Temp + Precip
HumanActivity =~ Fertilizer + Drainage
SoilNutrient =~ N + P
Diversity =~ Richness + Evenness
```

（3）结构模型：

```
SoilNutrient ~ Climate + HumanActivity
Diversity ~ Climate + HumanActivity + SoilNutrient
```

（4）拟合模型：

```
fit <- sem(model, data = wetland_data, estimator = "ML")
```

（5）输出拟合结果：

```
summary(fit, fit.measures = TRUE, standardized = TRUE)
```

（6）提取效应值：

```
direct_effects <- parameterEstimates(fit, type = "direct")
indirect_effects <- parameterEstimates(fit, type = "indirect")
total_effects <- parameterEstimates(fit, type = "total")
```

A.3.8 拓展与前沿

多组SEM：比较不同区域（如北方vs南方湿地）的模型参数差异。

纵向SEM：分析时间序列数据，揭示生态系统的动态响应。

贝叶斯SEM：处理小样本或高不确定性数据，结合生态学先验知识（如物种分布模型参数）。

A.4 方差分解分析（VPA）

A.4.1 方法概述

方差分解分析（variance partitioning analysis，VPA）是一种用于分解不同环境因子组对生态响应变量变异贡献的多元统计方法，用于量化不同环境因子对生物群落变化的解释比例。在生态学研究中，VPA能够帮助研究者理解生物群落结构变化与环境因子之间的关系，通过将总变异划分为不同因子组（如空间因子、环境因子、生物因子等）的独立贡献、共同贡献及未解释变异，揭示多组变量对生态指标的相对影响。它的核心思想是基于多元回归或冗余分析（RDA），通过分块回归（block regression）量化各因子组的解释率及其交互效应。

A.4.2 适用场景

研究目标：分析环境因子（如土壤理化性质、气候变量、地形因子）、空间因子（如地理坐标、空间自相关）或生物因子（如物种多样性）对生态响应变量（如物种组成、功能性状、群落结构）的变异贡献。

数据类型有如下两类：

响应变量：多为矩阵数据（如物种丰度矩阵、功能性状矩阵），需转换为数值型数据。

解释变量：分为多个因子组（如环境因子组 E、空间因子组 S、生物因子组 B 等），每组包含多个相关变量。

A.4.3 基本原理

A.4.3.1 方差分解逻辑

总方差（total variance）= 独立贡献（如 E、S、B 单独解释的变异）+ 共同贡献（如 $E\cap S$、$E\cap B$、$S\cap B$ 及 $E\cap S\cap B$ 的交互贡献）+ 未解释变异（残差），数学表达式为：

$$R^2_{总} = R^2_E + R^2_S + R^2_B + R^2_{E\cap S} + R^2_{E\cap B} + R^2_{S\cap B} + R^2_{E\cap S\cap B} + 残差 \qquad (A\text{-}8)$$

实际分析中常简化为两组或三组因子的分解，如环境因子组与空间因子组。

A.4.3.2 分块回归方法

边际变异（marginal variance）：单个因子组单独解释的变异（不控制其他因子组）。

条件变异（conditional variance）：控制其他因子组后，某一因子组额外解释的变异（即独立贡献）。

A.4.4 数据处理步骤

A.4.4.1 步骤 1：数据准备与预处理

（1）响应变量（Y）：

1）生态学指标矩阵（如物种丰度矩阵、功能多样性指数），需确保无缺失值，可通过插值或删除处理缺失数据。

2）若为物种矩阵，常进行标准化（如 Hellinger 变换）或稀有物种过滤（如剔除低丰度物种）。

（2）解释变量分组：

1）环境因子组（E）：如土壤 pH 值、养分含量、气候温度等，需标准化（Z-score 或中心化）。

2）空间因子组（S）：通过地理坐标生成空间变量（如主坐标分析 PCNM、距离矩阵的特征向量 EMNM，或利用 Mantel 检验构建空间模型）。

3）其他因子组：如生物因子（B，如优势物种丰度）、时间因子（T）等，根据研究目标定义。

（3）共线性检验。对每组解释变量进行方差膨胀因子（VIF）检验，剔除 VIF > 10 的变量以降低共线性。

A.4.4.2　步骤2：构建分块回归模型

基于多元回归的 VPA（适用于连续型响应变量），模型形式：

$$Y=\beta_0+\beta_{\mathrm{E}}E+\beta_{\mathrm{S}}S+\beta_{E\times S}(E\times S)+\varepsilon \tag{A-9}$$

式中，$E\times S$ 为环境与空间因子的交互项；ε 为随机误差项，满足均值为 0、方差恒定的假设。

计算各因子组的边际决定系数（$R^2_{边际}$）和条件决定系数（$R^2_{条件}$）。

基于冗余分析（RDA）的 VPA（适用于群落矩阵）：对响应变量进行 RDA，分别以单一因子组、联合因子组为解释变量，计算约束排序的解释率（R^2）。

例如：R^2_{E} 仅环境因子解释的变异（边际效应）；$R^2_{\mathrm{E|S}}$控制空间因子后，环境因子的独立贡献（条件效应）。

A.4.4.3　步骤3：方差分配与分解

两组因子分解，下面以环境 E 和空间 S 为例。

（1）总解释变异：

$$R^2_{E+S}=R^2_E+R^2_S-R^2_{E\cap S} \tag{A-10}$$

式中，$R^2_{E\cap S}$为共同贡献。

（2）独立贡献包括环境因子和空间因子。

环境因子独立贡献：

$$R^2_{E|S}=R^2_{E+S}-R^2_S \tag{A-11}$$

空间因子独立贡献：

$$R^2_{S|E}=R^2_{E+S}-R^2_E \tag{A-12}$$

未解释变异：

$$1-R^2_{E+S} \tag{A-13}$$

（3）三组及以上因子分解：采用分块回归逐步控制因子组，计算每个因子组在控制其他组后的条件解释率（如\(R^2_{E|S,B}\)表示控制空间和生物因子后，环境因子的独立贡献）；结果通常以变异分配图（如韦恩图或层级分割图），展示各部分贡献比例。

A.4.4.4　步骤4：统计显著性检验

（1）因子组整体显著性：

1）通过置换检验（Permutation test，如999次置换）检验各因子组的边际解释率是否显著（$p<0.05$）。

2）在RDA中，使用anova( )函数进行约束排序的置换检验。

（2）独立贡献显著性：对条件解释率进行自举法（Bootstrapping）或贝叶斯检验，评估独立贡献的置信区间。

A.4.4.5　步骤5：结果解释与可视化

（1）变异分配表。

变异分配指标见表A-7。

表A-7　变异分配指标

因子组	独立贡献（R^2）	共同贡献（R^2）	总解释率（R^2）	p值
环境因子（E）	$R^2_{E\mid S}$	$R^2_{E\cap S}$	R^2_E	<0.05
空间因子（S）	$R^2_{E\mid S}$	$R^2_{E\cap S}$	R^2_E	<0.05
未解释变异	—	—	$1-R^2_{E+S}$	—

（2）可视化方法：

1）韦恩图：直观展示两组因子的独立与共同贡献（适用于两组分解）。

2）层级分割图：通过堆叠条形图或饼图展示多组因子的贡献比例（如ggvega包中的vega图）。

3）相关热图：结合因子组间的相关系数与解释率，分析共线性对变异分配的影响。

A.4.5　软件实现（以R语言为例）

（1）数据预处理：

```
library(vegan)
library(piecewiseSEM)
# 加载数据
data(plantcommunity)  # 响应变量(物种矩阵)
env <- data.frame(soil_pH, nutrient, temp)  # 环境因子
spatial <- pcnm(xy 坐标)  # 生成空间因子(PCNM 变量)
# 数据转换与标准化
env_std <- scale(env)
spatial_std <- scale(spatial)
```

（2）变异分配分析：

```
# 基于 RDA 的两组分解(环境 E vs 空间 S)
```

```
rda_total <- rda(plantcommunity ~ env_std + spatial_std)
rda_env <- rda(plantcommunity ~ env_std)
rda_spatial <- rda(plantcommunity ~ spatial_std)
# 计算独立贡献
R2_env_cond <- RsquareAdj(rda_total)$adj - RsquareAdj(rda_spatial)$adj
R2_spatial_cond <- RsquareAdj(rda_total)$adj - RsquareAdj(rda_env)$adj
# 置换检验
anova(rda_env, permutations = 999) #环境因子显著性
anova(rda_spatial, permutations = 999) #空间因子显著性
```

(3) 可视化:

```
library(ggplot2)#变异分配条形图
data.frame(
因子组 = c("环境独立", "空间独立", "共同贡献", "未解释"),
解释率 = c(R2_env_cond, R2_spatial_cond, RsquareAdj(rda_env)$adj + RsquareAdj(rda_spatial)$adj - RsquareAdj(rda_total)$adj, 1 - RsquareAdj(rda_total)$adj))% >%
ggplot(aes(x = 因子组, y = 解释率, fill = 因子组)) +
geom_bar(stat = "identity") +
theme_minimal()
```

A. 4. 6 注意事项

因子组划分：需基于生态学理论合理分组（如环境因子与空间因子分离），避免主观划分导致的偏差。

数据类型匹配：响应变量为群落矩阵时，优先使用基于 RDA 的 VPA；若为连续型单变量（如多样性指数），可采用多元线性回归或广义线性模型。

共线性影响：因子组间高共线性会导致独立贡献估计偏差，需通过 VIF 检验或主成分分析降维。

解释局限性：VPA 仅量化变异贡献比例，不直接反映因果关系，需结合结构方程模型（SEM）等方法进一步验证机制。

附录B　常用培养基的配方

B.1　基础培养基

B.1.1　牛肉膏蛋白胨培养基

（1）介绍：牛肉膏蛋白胨培养基一般用于环境中细菌的分离筛选和培养。在微生物领域，牛肉膏蛋白胨培养基是应用非常广泛的一类天然培养基。其主要成分牛肉膏可为微生物提供碳源、磷酸盐和维生素，蛋白胨主要提供氮源和维生素，NaCl则提供无机盐。

（2）配方：牛肉膏3 g、蛋白胨10 g、NaCl 5 g、蒸馏水1000 mL。

说明：如果要制成液体培养基，则不需要加琼脂；如果要制成半固体培养基，则需加入3～5 g琼脂；如果要制成固体培养基，则需加入15～20 g琼脂。

（3）pH值：7.0～7.2。

（4）灭菌条件：0.103 MPa、121 ℃、20 min。

B.1.2　高氏1号培养基

（1）介绍：高氏1号培养基主要是用来培养放线菌的一类合成固体培养基。

（2）配方：可溶性淀粉20 g、KNO_3 1 g、K_2HPO_4 0.5 g、$MgSO_4 \cdot 7H_2O$ 0.5 g、NaCl 0.5 g、$FeSO_4 \cdot 7H_2O$ 0.01 g、琼脂20 g、蒸馏水1000 mL。

（3）pH值：7.4～7.6。

（4）灭菌条件：0.103 MPa、121 ℃、20 min。

（5）配制方法：根据配方要求，称取一定量的可溶性淀粉并置于烧杯中，用少量冷水将淀粉调制成糊状，再加入少量的沸水进行搅拌，使可溶性淀粉完全溶化。然后，按配方要求称取其他各成分，并依次溶化，调节pH值。

B.1.3　察氏培养基

（1）介绍：察氏培养基是用于培养青霉、霉菌的培养基。

（2）配方：$NaNO_3$ 3 g、$K_2HPO_4 \cdot 3H_2O$ 1 g、$MgSO_4 \cdot 7H_2O$ 0.5 g、KCl 0.5 g、$FeSO_4 \cdot 7H_2O$ 0.01 g、蔗糖30 g、琼脂20 g、蒸馏水1000 mL。

（3）pH 值：自然 pH 值。

（4）灭菌条件：0.103 MPa、115 ℃、20 min。

B.1.4 LB 培养基

（1）介绍：LB 培养基是生化分子实验中用来预培养菌种的一种培养基，可以使菌种成倍扩增，以达到使用要求。

（2）配方：胰蛋白胨 10 g、酵母提取物 5 g、NaCl 10 g、蒸馏水 1000 mL。

说明：如果要制成液体培养基，则不需要加入琼脂；如果要制成固体培养基，则需加入 15 ~20 g 琼脂。

（3）pH 值：7。

（4）灭菌条件：0.103 MPa、121 ℃、20 min。

B.1.5 马铃薯葡萄糖琼脂培养基（PDA 培养基）

（1）介绍：PDA 培养基是一种常见的基础培养基，可以用来培养真菌。

（2）配方：马铃薯 200 g、葡萄糖 20 g、蒸馏水 1000 mL。

说明：如果要制成液体培养基，则不需要加入琼脂；如果要制成固体培养基，则需加入 15 g 琼脂。

（3）pH 值：自然 pH 值。

（4）灭菌条件：0.103 MPa、115 ℃、20 min。

（5）配制方法：马铃薯去皮，切成块加入蒸馏水，煮沸 30 min。

注意：煮制过程中要适当补水。用纱布过滤，滤液加入葡萄糖，补足水至 1000 mL，装入三角瓶中，高温蒸汽灭菌。

B.1.6 麦芽汁培养基

（1）介绍：麦芽汁培养基常用于保存乳酸菌。

（2）配方：麦芽汁 150 mL、琼脂 20 g。

（3）pH 值：6.4。

（4）灭菌条件：0.103 MPa、121 ℃、20 min。

（5）制作方法：

1）取一定量的大麦或者小麦，反复冲洗后，用自来水浸泡 24 h；将其置于搪瓷盘中于 15 ℃条件下催芽，盖上湿纱布；每隔一定时间对大麦或小麦进行淋水保湿，待麦根伸长至麦粒 2 倍时，停止催芽，烘干后储存，备用。

2）按麦芽与水的体积比 1∶14，将干麦芽在研钵中磨碎，置于 65 ℃的水浴锅中糖化 5 h。

3）将糖化液用 8 层纱布过滤，滤液如果混浊不清，可用加鸡蛋清法处理，即用一个鸡蛋的蛋清加 20 mL 水调匀，使之产生泡沫，倒入糖化液中并搅拌煮沸后再过滤。

4）将滤液稀释到密度为 1.036 ~ 1.043 g/cm^3，然后加入 20 g 琼脂。

B.1.7 蛋白胨水培养基

（1）介绍：蛋白胨水培养基是一种常用的液体培养基，可为细菌生长提供氮源。

（2）配方：蛋白胨 10 g、NaCl 5 g、蒸馏水 1000 mL。

（3）pH 值：7.8。

（4）灭菌条件：0.103 MPa、121 ℃、20 min。

B.1.8 肉膏胨淀粉培养基

（1）介绍：肉膏胨淀粉培养基是一种用于培养细菌的培养基。

（2）配方：牛肉膏 3 g、NaCl 5 g、蛋白胨 10 g、琼脂 15 ~ 20 g、淀粉 2 g、蒸馏水 1000 mL。

（3）pH 值：7.6。

（4）灭菌条件：0.103 MPa、121 ℃、20 min。

B.1.9 麦氏培养基（醋酸钠培养基）

（1）介绍：麦氏培养基是一种用于培养酵母菌的培养基。

（2）配方：葡萄糖 1 g、KCl 1.8 g、酵母浸膏 2.5 g、醋酸钠 8.2 g、琼脂 15 ~ 20 g、蒸馏水 1000 mL。

（3）pH 值：5.8 ~ 6。

（4）灭菌条件：0.103 MPa、113 ℃、20 min。

B.1.10 柠檬酸盐培养基

（1）介绍：柠檬酸盐培养基是一种用于测定血清、血浆及相关液体样本的培养基。

（2）配方：柠檬酸钠 2 g、K_2HPO_4 1 g、$NH_4H_2PO_4$ 1 g、NaCl 5 g，$MgSO_4$ 0.2 g、琼脂 15 ~ 20 g、1% 溴麝香草酚蓝（酒精溶液）或 0.04% 苯酚红 10 mL、蒸馏水 1000 mL。

（3）pH 值：6.8。

（4）灭菌条件：0.103 MPa、121 ℃、20 min。

（5）制作方法：将上述各成分加热溶解后，调节 pH 值至 6.8，然后加入指示剂，摇匀，用脱脂棉过滤。柠檬酸盐培养基制成后为黄绿色。

B.2 选择培养基

B.2.1 硝化细菌培养基

（1）介绍：硝化细菌培养基是一种培养硝化细菌的培养基。

（2）配方：$NaNO_2$ 1 g、$MgSO_4 \cdot 7H_2O$ 0.03 g、$MnSO_4 \cdot 4H_2O$ 0.01 g、K_2HPO_4 0.75 g、Na_2CO_3 1 g、NaH_2PO_4 0.25 g、琼脂 15～20 g、蒸馏水 1000 mL。

（3）pH 值：8.0。

（4）灭菌条件：0.103 MPa、121 ℃、20 min。

B.2.2 亚硝化细菌培养基

（1）介绍：亚硝化细菌培养基是一种培养亚硝化细菌的培养基。

（2）配方：$(NH_4)_2SO_4$ 2 g、$MgSO_4 \cdot 7H_2O$ 0.03 g、$MnSO_4 \cdot 4H_2O$ 0.01 g、K_2HPO_4 0.75 g、$CaCO_3$ 5 g、NaH_2PO_4 0.25 g、琼脂 15～20 g、蒸馏水 1000 mL。

（3）pH 值：7.2。

（4）灭菌条件：0.103 MPa、121 ℃、20 min。

B.2.3 反硝化细菌培养基

（1）介绍：反硝化细菌培养基是一种培养反硝化细菌的培养基。

（2）配方：KNO_3 2 g、$MgSO_4 \cdot 7H_2O$ 0.2 g、K_2HPO_4 1 g、KH_2PO_4 1 g、柠檬酸钠（或葡萄糖）5 g、琼脂 15～20 g、蒸馏水 1000 mL。

（3）pH 值：7.2～7.5。

（4）灭菌条件：0.103 MPa、121 ℃、20 min。

B.2.4 反硫化细菌培养基

（1）介绍：反硫化细菌培养基是一种培养反硫化细菌的培养基。

（2）配方：乳酸钠 5 g、$MgSO_4 \cdot 7H_2O$ 2 g、K_2HPO_4 1 g、天门冬素 2 g、$FeSO_4 \cdot 7H_2O$ 0.01 g、蒸馏水 1000 mL。

（3）灭菌条件：0.072 MPa、115 ℃、15～20 min。

（4）检测方法：将接种后的反硫化细菌培养基置于恒温培养箱培养 14 d，加入质量浓度 50 g/L 的柠檬酸铁 1～2 滴，观察平板中是否有黑色沉淀产生；如果有沉淀出现，则证明该微生物发生了反硫化作用。

B.2.5 无氮培养基

（1）介绍：无氮培养基是一种培养自身固氮细菌的培养基。

（2）配方：蔗糖 10 g、KH_2PO_4 2 g、$MgSO_4 \cdot 7H_2O$ 0.6 g、NaCl 0.2 g、$CaCO_3$ 1 g。

（3）pH 值：7.0～7.2。

（4）灭菌条件：0.103 MPa、121 ℃、20 min。

B.2.6 CMC 培养基

（1）介绍：CMC 培养基主要用于培养纤维分解菌。

（2）配方：KH_2PO_4 1 g、NaCl 0.1 g、$FeCl_2 \cdot 7H_2O$ 0.01 g、无水 $CaCl_2$ 0.1 g、$NaNO_3$ 2.5 g、$MgSO_4 \cdot 7H_2O$ 0.3 g、甲基纤维素钠 10 g、蒸馏水 1000 mL。

（3）pH 值：7.2。

（4）灭菌条件：0.103 MPa、121 ℃、15～20 min。

B.2.7 球衣菌培养基

胰蛋白胨 1 g，琼脂 15～20 g，蒸馏水 1000 mL，pH 值 7.0，0.103 MPa、121 ℃下灭菌 15～20 min。

B.2.8 分离、扩增噬菌体实验用培养基

蛋白胨 10 g，葡萄糖 1 g，牛肉膏 5 g，酵母浸膏 3 g，蒸馏水 1000 mL，pH 值 17.2，0.072 MPa、115 ℃下灭菌 15～20 min。

B.3 鉴别培养基

B.3.1 酪素培养基

（1）介绍：酪素培养基是一种鉴别产蛋白酶菌株的培养基，它的特征性变化是会产生蛋白水解圈。

（2）配方：KH_2PO_4 0.36 g、$MgSO_4 \cdot 7H_2O$ 0.5 g、$ZnCl_2$ 0.014 g、$Na_2HPO_4 \cdot 7H_2O$ 1.07 g、NaCl 0.16 g、$CaCl_2$ 0.002 g、$FeSO_4$ 0.002 g、酪素 4 g、胰蛋白酶解酪蛋白 0.05 g、琼脂 20 g。

（3）pH 值：6.5～7.0。

（4）灭菌条件：0.103 MPa、121 ℃、20 min。

B.3.2 明胶培养基

（1）介绍：明胶培养基是一种鉴别产蛋白酶菌株的培养基，该培养基的特征性变化是明胶液化。

（2）配方：NaCl 5 g、蛋白胨 10 g、牛肉膏 3 g、明胶 120 g、蒸馏水 1000 mL。

（3）pH 值：7.2～7.4。

（4）灭菌条件：0.103 MPa、121 ℃、30 min。

B.3.3 油脂培养基

（1）介绍：油脂培养基是一种鉴别产脂肪酶菌株的培养基，它的特征性变化是由淡红色变成深红色。

（2）配方：蛋白胨 10 g、牛肉膏 5 g、NaCl 5 g、香油或者花生油 10 g、中性红（体积分数为 1.6% 的水溶液）15～20 mL、琼脂 20 g、蒸馏水 1000 mL。

（3）pH 值：7.2。

（4）灭菌条件：0.103 MPa、121 ℃、20 min。

（5）配制方法：将油和琼脂加无菌水加热溶解，然后调节 pH 值，加入中性红使培养基呈红色，不断搅拌培养基，并将其分装到锥形瓶中。

B.3.4 淀粉培养基

（1）介绍：淀粉培养基是一种鉴别产淀粉酶菌株的培养基，它的特征性变化是会产生淀粉水解圈。

（2）配方：牛肉膏 5 g、蛋白胨 1 g、NaCl 5 g、可溶性淀粉 2 g、琼脂 20 g、水 1000 mL。

（3）pH 值：7.0～7.2。

（4）配制方法：按配方制作好淀粉培养基并灭菌、倒平板后，吸取浓度为 0.02 mol/L 的碘液或卢戈氏碘液滴加至淀粉平板的菌落周围，观察是否有透明圈产生。

（5）灭菌条件：0.103 MPa、121 ℃、20 min。

B.3.5 醋酸铅培养基

（1）介绍：H_2S 实验培养基是一种鉴别产 H_2S 菌株的培养基，它的特征性变化是会产生黑色沉淀。

（2）配方：1000 mL 牛肉膏蛋白胨培养基、2.5 g 硫代硫酸钠、10 mL、10% 醋酸铅水溶液。

（3）pH 值：7.2。

（4）灭菌条件：0.103 MPa、115 ℃、15 min。

（5）配制方法：将 1000 mL 牛肉膏蛋白胨培养基加热使其完全溶解，待其冷却到 55 ℃时，加入硫代硫酸钠 2.5 g，并调节 pH 值至 7.2；然后将培养基分装到三角瓶中，经高压灭菌锅灭菌后，在自然冷却至 55 ℃时加入 10 mL 浓度为 10% 的醋酸铅水溶液。

B. 3. 6 伊红-亚甲蓝培养基

（1）介绍：伊红-亚甲蓝培养基是一种鉴别水中大肠菌群的培养基，它的特征性变化是会产生带金属光泽深紫色菌落。

（2）配方：蛋白胨 10 g、乳糖 10 g、磷酸氢二钾 2 g、琼脂 20 ~ 30 g、蒸馏水 1000 mL、2% 伊红溶液 20 mL、0. 5% 美蓝溶液 13 mL。

（3）pH 值：7. 2 ~ 7. 4。

（4）灭菌条件：0. 103 MPa、115 ℃、20 min。

（5）配制方法：用蛋白胨、磷酸氢二钾、琼脂先制成培养基，并将其高压灭菌，备用；临用时加热溶化琼脂并加入乳糖，冷至 50 ~ 55 ℃，加入伊红和美蓝溶液。

B. 3. 7 糖发酵培养基

（1）介绍：糖发酵培养基是一种鉴别肠道细菌的培养基，它的特征性变化是培养基由紫色变成黄色。

（2）配方：蛋白胨水培养基 1000 mL、1. 6% 溴甲酚紫乙醇溶液 1 ~ 2 mL，20% 糖溶液（葡萄糖、乳糖、蔗糖各 10 mL）。

（3）pH 值：7. 6。

（4）配制方法：

1）将指示剂溴甲酚紫乙醇溶液加入蛋白胨水培养基中，然后分装于试管中，在每管内放入一个小玻璃管，使之充满培养液，在 0. 103 MPa、121℃条件下灭菌 20 min。

2）将糖溶液在 0. 103 MPa、115 ℃条件下灭菌 30 min。然后，在每个蛋白胨水培养基中加入蛋白胨水 0. 5 mL。

B. 3. 8 Ames 实验培养基

（1）氯化钠琼脂培养基（Ames 实验）：将 NaCl 0. 25 g、琼脂 0. 30 g、蒸馏水 50 mL 加热溶化后，分装于 15 支小试管中，每支小试管分装 3 mL，于 0. 07 MPa、121 ℃加热灭菌 15 ~ 20 min。

（2）上层培养基（50 mL 配方，Ames 实验）：将 NaCl 0. 25 g、琼脂 0. 40 g、组氨酸-生物素混合液 5 mL、蒸馏水 45 mL 分装于 15 支小试管中，每支小试管 3 mL，于 0. 07 MPa、121 ℃加热灭菌 15 ~ 20 min。

（3）下层培养基（1000 mL 配方，Ames 实验）：将葡萄糖 20. 0 g、柠檬酸 2. 0 g、三水磷酸氢二钾 3. 5 g、七水硫酸镁 0. 2 g、琼脂 15. 0 g、蒸馏水 1000 mL（pH 值为 7. 0）分装于锥形瓶中，0. 056 MPa、121 ℃下加热灭菌 15 ~ 20 min。

附录 C 常用染色液的配制

C.1 简单染色法

C.1.1 齐氏（Ziehl）

石炭酸品红染液：

（1）A 液：石炭酸 5 g，蒸馏水 95 mL。

（2）B 液：碱性品红酸铵 0.3 g，95% 乙醇 10 mL。

（3）配制方法：用研钵研磨碱性品红，并逐步加入 95% 乙醇，继续研磨至溶解，配成 A 液；将石炭酸溶于水中配成 B 液；使用时先将 A 液与 B 液混合，然后稀释 5 ~ 10 倍。稀释液易变质失效，一次不宜多配。

C.1.2 罗氏（Romanowsky）亚甲蓝染液

A 液：亚甲蓝 5 g，95% 乙醇 100 mL。

B 液：氢氧化钾 0.01 g，蒸馏水 1000 mL。

C.2 革兰氏染液

C.2.1 草酸铵结晶紫溶液

（1）A 液：结晶紫 2 g，95% 乙醇 20 mL。

（2）B 液：草酸铵 0.8 g，蒸馏水 80 mL。

（3）配制方法：溶液 A 和溶液 B 混合后，静置 24 h 过滤使用。

C.2.2 革兰氏碘液

（1）试剂：碘 1 g，碘化钾 2 g，蒸馏水 300 mL。

（2）配制方法：称取碘化钾溶于少量蒸馏水中，加入碘，待碘完全溶解后，加水稀释至 300 mL，备用。

C.2.3 番红染液

（1）试剂：番红 2.5 g，95% 乙醇 100 mL。

（2）配制方法：将 2. 5 g 番红溶解于 100 mL、95% 乙醇，使用前将该溶液与 80 mL 的蒸馏水混合制成番红稀溶液。

C. 3 芽 孢 染 色

C. 3. 1 孔雀绿染色液

配制方法：称取孔雀绿 5 g，加入少量蒸馏水使其充分溶解，继续用蒸馏水稀释到 100 mL，即成孔雀绿染液，过滤后即可使用。

C. 3. 2 番红水溶液

配制方法：称取 0. 5 g 番红，加入少量蒸馏水充分溶解，继续用蒸馏水稀释到 100 mL，即成番红水溶液。

C. 3. 3 苯酚品红溶液

配制方法：碱性品红 11 g、无水乙醇 100 mL，取上述溶液 10 mL 与 100 mL、5% 的苯酚溶液混合，过滤备用。

C. 3. 4 黑色素（Nigrosin）溶液

配制方法：称取 10 g 黑色素溶于 100 mL 蒸馏水中，置沸水浴中 30 min，冷却后经 0. 22 μm 滤膜过滤，补加水到 100 mL，加入 0. 05% 叠氮钠（0. 05 g）或 0. 1% 甲醛防腐，备用。

C. 4 荚膜染色液

C. 4. 1 石炭酸品红溶液

配制方法可参见“齐氏石炭酸品红染液”的配制方法。

C. 4. 2 黑色素水溶液

配制方法：取黑色素 5 g 溶于 100 mL 蒸馏水中，煮沸后加入一定量的福尔马林（40% 甲醛）作防腐剂。

C. 4. 3 荚膜染液

（1）A 液：结晶紫染色液。

（2）B 液：20% 硫酸铜溶液。

(3) 配制方法：

1) 称取结晶紫0.1 g，加入少量蒸馏水至烧杯中使其溶解，加100 mL水进行稀释，再加入0.25 mL冰醋酸，可以制成结晶紫染色液。

2) 称取31.3 g硫酸铜，加入少量蒸馏水溶解，并加水将其稀释至100 mL，即可配制成20%硫酸铜脱色剂。

C.5 鞭毛染色液

C.5.1 钾明矾亚甲基蓝鞭毛染色液

(1) A液：钾明矾（potassium alum）饱和水溶液20 mL，20 g/L（质量浓度）丹宁酸（tannic acid）10 mL，95%（体积分数）乙醇15 mL，碱性乙醇饱和液3 mL，蒸馏水100 mL。将上述各液混合静置1日后使用，可保存1周。

(2) B液：亚甲基蓝（美蓝）0.1 g，硼砂钠1 g，蒸馏水100 mL。

(3) 染色液配制后必须用滤纸过滤。

C.5.2 硝酸银鞭毛染色液

(1) A液：单宁酸（即鞣酸）5 g。

1) 福尔马林（15%）2 mL，NaOH（1%）1 mL，$FeCl_3$ 1.5 g，蒸馏水100 mL。

2) 冰箱内可保存3～7 d，延长保存期会产生沉淀，但用滤纸除去沉淀后，仍能使用。最好配好后当日使用，次日效果差。

(2) B液：$AgNO_3$ 2 g，蒸馏水100 mL。

1) 待$AgNO_3$溶解后，取出10 mL备用，向其余的90 mL $AgNO_3$溶液中滴入浓NH_4OH使之成为很浓厚的悬浮液，再继续滴加NH_4OH，直到新形成的沉淀又重新刚刚溶解为止。

2) 将备用的10 mL $AgNO_3$慢慢滴入，则出现薄雾，但轻轻摇动后，薄雾状沉淀又消失，再滴入$AgNO_3$，直到摇动后仍呈现轻微而稳定的薄雾状沉淀为止。如果雾不重，此染剂冰箱内保存通常7 d内仍可使用。如雾重，则银盐沉淀出，不宜使用。

C.5.3 Leifson氏鞭毛染色液

(1) A液：碱性复红1.2 g，95%乙醇100 mL。

(2) B液：单宁酸3 g，蒸馏水100 mL。

(3) C液：NaCl 1.5 g，蒸馏水100 mL。

(4) 配制方法：临用前将A、B、C液等量混合均匀后使用。三种溶液分别于室温保存可保存几周，若分别置冰箱保存，可保存数月。混合液装密封瓶内置冰箱几周仍可使用。

C.6 活体染色剂

C.6.1 中性红染液

配制方法：称取中性红 1 g 溶于 100 mL 蒸馏水中，即可配成 1% 中性红水溶液。然后吸取该溶液 1 mL，用 0.6% 生理盐水将其稀释并定容至 50 mL，即可配制成 0.02% 中性红水溶液。中性红水溶液一般储存在棕色瓶里，置于黑暗处保存，备用。

C.6.2 尼罗蓝（Nile Blue）染液

配制方法：取 0.1 g 尼罗蓝溶解于 1000 mL 蒸馏水中，即成尼罗蓝染液。

C.6.3 亚甲蓝染液

配制方法：取 0.1 g 亚甲蓝，加少量蒸馏水溶解，再加蒸馏水稀释到 1000 mL 蒸馏水，即成亚甲蓝染液。

C.6.4 吕氏（Loeffler）碱性美蓝染液

（1）A 液：美蓝（methylene blue）0.6 g，95% 乙醇 30 mL。

（2）B 液：KOH 0.01 g，蒸馏水 100 mL。

（3）配制方法：分别配制 A 液和 B 液，配好后混合即可。

C.7 聚 β-羟基丁酸染色液

（1）A 液：3 g/L（质量浓度）苏丹黑。苏丹黑（sudan black B）0.3 g，70%（体积分数）乙醇 100 mL，混合后用力振荡，放置过夜备用，用前过滤。

（2）B 液：退色剂，二甲苯。

（3）C 液：复染剂，5 g/L（质量浓度）番红水溶液。

C.8 异染颗粒染色剂

（1）A 液：甲苯胺蓝 0.15 g；孔雀绿 0.2 g；冰醋酸 1 mL；95% 乙醇 2 mL；蒸馏水 100 mL。

（2）B 液：碘 2 g，碘化钾 3 g，蒸馏水 300 mL。

（3）配制方法：

1）将甲苯胺蓝、孔雀绿、冰醋酸溶于乙醇中，将冰醋酸溶于100 mL蒸馏水，然后将两种溶液混匀，静置24 h后，过滤，备用。

2）先将碘化钾加入到少量蒸馏水溶解，再加入碘，使其充分溶解后，加蒸馏水定容至300 mL。

C.9 富尔根氏核染色液

C.9.1 席夫氏（Schiff）试剂

配制方法：将1 g碱性复红加人200 mL煮沸的蒸馏水中，振荡5 min，冷至50 ℃左右过滤，再加入1 mol/L HCl 20 mL，摇匀。待冷至25 ℃时，加$Na_2S_2O_5$（偏重亚硫酸钠）3 g，摇匀后装在棕色瓶中，用黑纸包好，放置暗处过夜，此时试剂应为淡黄色（如为粉红色则不能用），再加中性活性炭过滤，滤液振荡1 min后，再过滤，将此滤液置冷暗处备用（注意：过滤需在避光条件下进行）。

在整个操作过程中所用的一切器板都需十分洁净、干燥，以消除还原性物质。

C.9.2 Schandium 固定液

（1）A液：饱和升汞水溶液，50 mL升汞水溶液加95%乙醇25 mL混合即得。

（2）B液：冰醋酸，取A液9 mL + B液1 mL，混匀后加热至60 ℃。

C.9.3 亚硫酸水溶液

配制方法：10%偏重亚硫酸钠水溶液5 mL，1 mol/L HCl 5 mL，加蒸馏水100 mL混合即得。

C.10 乳酸石炭酸棉蓝染色液

配制方法：

（1）石炭酸10 g。

（2）乳酸（密度1.21 g/cm^3）10 mL，甘油20 mL，蒸饱水10 mL，棉蓝（cotton blue）0.02 g。

（3）将石炭酸加在蒸馏水中加热溶解，然后加入乳酸和甘油，最后加入棉蓝，使其溶解即成。

C. 11　瑞氏（Wright）染色液

配制方法：

（1）瑞氏染料粉末 0. 3 g，甘油 3 mL，甲醇 97 mL。

（2）将染料粉末置于干燥的乳钵内研磨，先加甘油，后加甲醇，放玻璃瓶中过夜，过滤即可。

C. 12　美蓝（Levowitz Weber）染液

配制方法：在 52 mL、95% 乙醇和 44 mL 四氯乙烷的三角烧瓶中，慢慢加入 0. 6 g 氯化美蓝（methylene blue chloride），旋摇三角烧瓶，使其溶解。放在 5 ~ 10 ℃下 12 ~ 24 h，然后加入 4 mL 冰醋酸。用质量好的滤纸如 What man No42 或与之同质量的滤纸过滤，贮存于清洁的密闭容器内。

C. 13　姬姆萨（Giemsa）染液

配制方法：将姬姆萨染料研细，然后边加入甘油边继续研磨，最后加入甲醇混匀，放 56 ℃、1 ~ 24 h 后，即为姬姆萨 C 存液。临用前在 1 mL 姬姆萨 C 存液中加入 pH 值为 7. 2 磷酸缓冲液 20 mL，配成使用液。

C. 14　Jenner（May-Grunwald）染液

配制方法：0. 25 g genner 染料经研细后加甲醇 100 mL。